Ewald und Renate Bialek

Gartendeko
selber töpfern

Ewald und
Renate Bialek

Gartendeko selber töpfern

Attraktiv · Ideenreich · Vielseitig

Augustus Verlag

Inhalt

Vorwort

Die Arbeit mit Ton ist ein jahrtausendealtes Handwerk, das von vielen Menschen nicht nur als »Mittel zum Zweck« betrieben wird, nämlich um dekorative und auch praktische Keramik-Gegenstände herzustellen. Für die meisten ist die Entspannung und Kreativität beim Umgang mit diesem natürlichen und leicht formbaren Material mindestens ebenso wichtig.

Wenn Sie sich zum ersten Mal ans Töpfern wagen, sind die schlichten und wenig filigranen Formen der Gartenkeramik ideal. Die hier gezeigten und in Aufbautechnik gearbeiteten Objekte sind jedoch so originell und ideenreich gemacht, daß auch der erfahrene Töpfer die eine oder andere Anregung für seine Arbeit finden wird. Die Anschaffung einer Töpferscheibe ist nicht notwendig.

Wir beide sind seit vielen Jahren begeisterte Töpfer und wir würden uns freuen, wenn der Funke überspringt und Sie sich durch dieses Buch zum eigenen kreativen Arbeiten mit Ton anregen lassen. Übrigens: den einen oder anderen Fachbegriff, auf den Sie im Text stoßen werden, finden Sie am Ende des Buches kurz und verständlich erklärt.

Nun aber viel Spaß bei der Arbeit und natürlich auch am fertigen Objekt!

Renate und Ewald Bialek

Ton

Ton ist ein Naturmaterial. Die geologische Bezeichnung für Ton ist »wasserhaltiges Aluminiumsilikat«. Es ist in vielen Farben erhältlich: Von Weiß über Creme bis Rot und Schwarz, je nach Zusammensetzung der Mineralien und Oxyde, die in den verschiedenen Vorkommen vorhanden sind. Ton kann auf der ganzen Welt gefunden werden. Die bedeutendsten Vorkommen in Deutschland sind im Westerwald, Odenwald und in Hessen.

Tonarten

In den Tongruben werden die Tone abgebaut und gereinigt. Je nach Verwendungszweck werden sie untereinander gemischt, um eine Farbenvielfalt zu erreichen, oder mit Schamotte versetzt, um die Stabilität zu steigern. Folgende Tonarten werden unterschieden:

Fetter Ton

Ein besonders plastischer Ton, der sich in fast jede Form bringen läßt. Er ist zum Modellieren und zum Drehen kleinerer Gefäße besonders gut geeignet.

Magerer Ton

Da er einen hohen Anteil an unformbarem Material (z.B. Sand) enthält, eignet sich magerer Ton vor allem für grobe, einfache Formen wie Baukeramik, Blumenkübel u.ä.

Schamottierter Ton

Schamotte ist bereits gebrannter, unterschiedlich fein gemahlener Ton, in einer Körnung von 0 bis 4 mm.

Ton ist in verschiedenen Sorten und in handelsübliche Mengen verpackt erhältlich.

Die Beimischung von Schamotte verringert das Risiko, daß das Objekt beim Brennen reißt oder sich verzieht, es stabilisiert den Ton.

Rot brennender Ton

Rot brennender Ton ist mit Eisenoxyd versetzt. Dies gibt ihm nach dem Brennen seine leuchtend rote Farbe. Er eignet sich sehr gut für Gartenkeramik und für das Töpfern mit Kindern und muß wegen seiner intensiven Farbe nicht glasiert werden (siehe z.B. die Kugelbahn auf Seite 49).

Braun bis schwarz brennender Ton

Meist handelt es sich hier um einen mageren Manganton. Er muß niedrig gebrannt werden, da er sonst ausschmilzt. In der Fachsprache nennt man dies Sintern, d.h. daß sich die Bestandteile des Tons beim Brand verbinden und der Scherben wasserundurchlässig wird.

Er ist für Schmuck, modellierte Dekoration, zum Marmorieren und zum Einfärben von Glasuren und Engoben geeignet.

Aufbereitung

Ton ist ein preiswertes Material und läßt sich in fast jede Form bringen. Er kann flüssig, zum Ausgießen von Formen, in weichem, geschmeidigem und auch im lederharten Zustand bearbeitet werden.

Vor Arbeitsbeginn muß der Ton aufbereitet werden, das heißt, daß Sie ihn schlagen müssen. Auch bei Fertigton empfiehlt sich dieses Vorgehen. Kleinere Mengen lassen sich mit der Hand schlagen. Dazu nehmen Sie einen kleinen Klumpen Ton in die eine Hand und reißen mit der anderen die Hälfte des Tons in einer Drehbewegung ab und schlagen die Hände dann kräftig zusammen. Wenn Sie größere Tonmengen benötigen, wird der Ton auf dem Arbeitstisch geschlagen: Den Tonklumpen

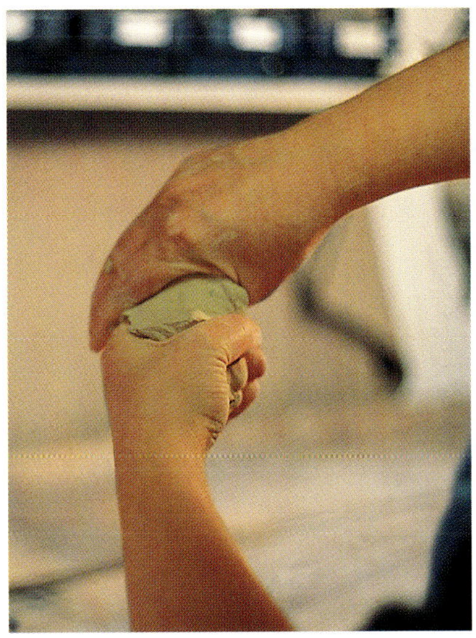

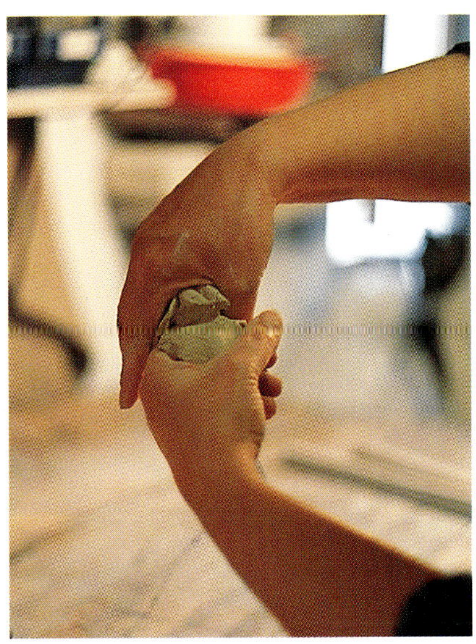

mit dem Schneidedraht der Länge nach in zwei Hälften teilen. Eine Hälfte so auf den Tisch legen, daß die Schnittfläche nach vorne zeigt. Die zweite Häfte wird kräftig auf die erste geschlagen. Diesen Vorgang mindestens zehnmal wiederholen.

Lagerung

Ton, der in Hubeln von 10 kg verkauft wird, ist gut verpackt etwa ein Jahr haltbar. Ist der Hubel angebrochen, sollte er mit einem feuchten Tuch abgedeckt und in einer Plastiktüte, die gut verschlossen ist, aufbewahrt werden.

Wenn Sie den Ton länger lagern, müssen Sie ihn unbedingt schlagen (siehe oben, Aufbereitung), bevor Sie ihn verarbeiten.

Bezugsquellen

In der Regel bekommen Sie Ton in den Töpfereien Ihrer Umgebung. Auch Hobby- und Bastelläden führen Ton oder können ihn für Sie besorgen, ebenso Firmen, die Keramik- und Töpfereibedarf verkaufen. Auch über Ziegeleien oder Sanitärkeramikwerke können Sie an Ton kommen.

Zu den schönsten Möglichkeiten, sich Ton zu besorgen, gehört sicher, ihn selber auszugraben. Gerade mit Kindern macht es Spaß, im Wald, im verlassenen Steinbruch oder an Bachläufen nach Lehm zu graben. Lassen Sie dann aber in jedem Fall von einem Fachmann/Töpfer prüfen, ob die Masse zur Weiterverarbeitung geeignet ist.

Arbeitsplatz

Wenn Sie gerne töpfern, werden Sie immer einen geeigneten Platz dafür finden. Ideal ist es, wenn Ihr Arbeitsplatz folgende Vorzüge aufweist:

- ✔ Ein Fenster, das viel Licht hereinläßt.
- ✔ Ein stabiler Tisch, der auch das Ton-Schlagen aushält.
- ✔ Ein Fußboden, der gekehrt und gewischt werden kann.
- ✔ Ein Wasserhahn und ein Waschbecken im Raum, weil Schlickern, Glätten mit Wasser und Händewaschen immer mal nötig sind.
- ✔ Eine Kiste für das Töpferwerkzeug und den Ton.
- ✔ Ein Raum oder eine Ecke in Ihrem Haus oder Ihrer Wohnung, wo die Objekte eine Weile ruhen können. Eine Garage, Waschküche oder ein Speicherraum sind dafür z.B. bestens geeignet.

Werkzeuge

Das wichtigste »Werkzeug« sind Ihre Hände, mit denen Sie dem Ton zunächst seine Grundform geben, ihn kneten, verstreichen, drücken, ziehen, glätten, biegen ... Für andere Arbeitsgänge sind aber natürlich auch einige Werkzeuge hilfreich und notwendig.

Modellierhölzer

Modellierhözer sind die einfachsten Werkzeuge, die zum Formen verwendet werden können. Sie sind meist aus Buchsbaum geschnitzt, geölt und unterschiedlich geformt. Zu Anfang werden Ihnen etwa zwei bis drei verschiedene Hölzer genügen und Sie werden bald herausfinden, mit welchen Formen Sie am liebsten arbeiten.

Modellierhölzer (bzw. Modellierstäbchen) erhalten Sie in Bastel- oder Künstlerbedarfsläden oder aber Sie schnitzen sie sich selbst. Manchmal ist auch unter normalen Küchenutensilien ein brauchbares Holz zu finden.

Modellierschlingen

Zum Aushöhlen und Abtragen von Ton verwenden Sie Modellierschlingen. Sie bestehen aus einem hölzernen Haltegriff, an dem hinten und vorne eine Schlinge aus Flacheisen oder Messing befestigt ist. Sie sollten sich etwa drei verschiedene Schlingen zulegen, die Sie im Bastelladen, im Künstlerbedarfsladen oder in Geschäften mit Keramikzubehör erhalten.

Spachteln

Spachteln bestehen aus federndem, biegsamem Material, aus Metall oder Plastik. Zweckentfremdet erweisen sich auch Maler- oder Bäckerspachteln und Teigschaber als sehr praktisch, wenn Sie Platten oder modellierte Objekte glätten möchten.

Weitere Werkzeuge und Hilfsmittel

Einen *Schneidedraht,* an dessen Enden jeweils ein Hölzchen befestigt ist, benötigen Sie zum Abschneiden, Durchtrennen oder Ablösen von Ton. Wenn Sie Platten mit gleichmäßiger Dicke herstellen möchten, brauchen Sie zwei gleich starke Holzleisten, zwischen die Sie den Ton legen und mit dem Schneidedraht durchtrennen.

Mit einem *Wellholz* können Sie Tonkugeln in eine flache Form bringen, mit einem spitzen Messer Tonplatten zurechtschneiden.

Eine *Gabel* mit vier spitzen Zinken ist notwendig, wenn Teile aufgerauht oder zusammengesetzt werden müssen, sie kann aber auch für Strukturen verwendet werden. Zum Glätten größerer Flächen eignet sich ein *Teigschaber* besonders gut, und auch *Pinsel* und *Schwamm* sind für die Oberflächenbehandlung und das Abrunden von Kanten notwendig. Ein *Apfelentkerner* ist oft das ideale Werkzeug, um ein Objekt mit Luftlöchern oder Löchern für die Aufhängung zu versehen.

Ein *Meterstab* ist zum Abmessen (z.B. bei den Pflanzgefäßen) notwendig, kann aber auch einmal – wie Tüll, verschiedene Steine oder Kugelschreiber – zum Strukturieren der Objekte verwendet werden. Hier ist Ihre Fantasie gefragt!

Darüber hinaus brauchen Sie eine *Schlickerschale,* in der Sie Ton mit Wasser anrühren, einen *Lappen* und ein *Handtuch* zum Reinigen der Werkzeuge bzw. zum Abdecken der Arbeit, eine Folie bzw. eine *Plastikplane,* mit der Sie ausgerollte Tonplatten leicht vom Arbeitstisch abheben oder modellierte Objekte abdecken können – und vor allem: viel gute Laune!

Aufbautechnik

Aufbau mit Platten

Es gibt zwei Methoden, Ton-Platten herzustellen, die dann miteinander verbunden und geformt werden:

1 Man legt den Tonklumpen zwischen die Holzleisten und zieht den Schneidedraht durch den Ton. Halten Sie den Draht straff und drücken Sie ihn links und rechts auf die Leiste, dann erhalten Sie eine Platte, die eine einheitliche Dicke aufweist.

2 Sie können den Tonklumpen auch mit dem Wellholz auswalzen (siehe z.B. Fotos Seite 13). Achten Sie darauf, die Platte nicht zu dünn auszuwalzen und verwenden Sie als Unterlage eine Plastikfolie, dann ist die Platte am Ende leicht vom Tisch abzuheben. Läßt man das Wellholz rechts und links auf den Holzleisten rollen, erhält man auch bei dieser Methode eine gleichmäßig dicke Platte.

Die Platten können in unterschiedlichen Härtestadien verwendet werden. Weiche Tonplatten lassen sich am einfachsten verarbeiten, da sich hier die Nahtstellen gut verbinden lassen. Zur Verstärkung der Nahtstellen ist es günstig, dünne Wülste aus Ton an den Innenseiten anzubringen, die dann von innen und außen gut verstrichen werden, so daß keine Nahtstelle mehr zu erkennen ist.
Für die Herstellung größerer Kästen eignen sich Tonplatten in lederhartem Zustand. Nach dem Zuschneiden mit dem Messer müssen die Teile an den Nahtstellen mit einer Gabel aufgerauht und mit Schlicker eingestrichen werden. Drücken Sie die Teile zusammen und bringen Sie zur Verstärkung an den Innenseiten Tonwülste an (siehe oben).

Tip
Gerade die Nahtstellen sind besonders anfällig für unerwünschte Risse, sie müssen deshalb sehr sorgfältig gearbeitet sein.

Wulsttechnik

Wenn Sie größere Gefäße herstellen möchten, ist die Wulsttechnik besonders gut geeignet. Im ersten Arbeitsgang stellen Sie dazu eine Bodenplatte her (siehe oben). Anschließend fertigen Sie auf einer leicht feuchten Arbeitsplatte gleichmäßig geformte Tonwülste, indem Sie Tonklumpen mit den Handflächen länglich formen und auf dem Arbeitstisch zu Wülsten rollen.

Stellen Sie am besten gleich mehrere Tonwülste her und decken Sie sie mit einem feuchten Tuch ab, damit sie nicht hart werden. Diese Tonwülste werden dann nacheinander auf die Bodenplatte montiert, indem Sie die Wülste mit der Gabel aufrauhen, schlickern, andrücken und den Ton an den Nahtstellen verstreichen. Der nächste Wulst wird dann in der eben beschriebenen Weise mit der vorhergehenden verbunden usw. Die Wülste werden so gut miteinander verstrichen, daß die Nahtstellen nur

In kräftigem Blau leuchtet dieses Pflanzgefäß, das in der Wulsttechnik angefertigt wurde. Sie benötigen dafür etwa ein halbes Kilo Ton und blaue Steinzeugglasur. Die beiden Schnecken werden wie auf Seite 15 erklärt gearbeitet und mit Schlicker auf den Rand des Gefäßes montiert.

noch zu ahnen sind. Wenn das Gefäß die richtige Höhe erreicht hat, mit einer Plastikplane abdecken und antrocknen lassen.

Wenn Sie das Werkstück auf einen Drehteller stellen, können Sie es von allen Seiten betrachten und daran arbeiten.

Anfertigung von Hohlformen

Für diese Technik, in der viele Objekte dieses Buches gearbeitet sind, nehmen Sie einen gut geschlagenen Klumpen Ton, den Sie durch Klopfen, Rollen und Streichen in die gewünschte Form bringen. Sobald die äußere Form fertig ist, beginnt man das Innere mit der Modellierschlinge auszuhöhlen. Wenn es das Objekt erfordert, wird das Teil in der Mitte mit dem Schneidedraht auseinandergeschnitten (siehe Igel Seite 19) und es werden beide Teile ausgehöhlt.

Wichtig!
Achten Sie beim Aushöhlen auf eine gleichmäßige Wandstärke, da es sonst zu Spannungsrissen beim Trocknen und Brennen kommen kann. Was viele an dieser Methode begeistert, ist der Umstand, daß man hier mit einer massiven Form arbeiten kann.

Töpfer-arbeiten Schritt für Schritt

Vogeltränke

Eine Vogeltränke ist für jeden Garten und jede Terrasse eine Bereicherung. Sie sieht nicht nur schön aus, sondern erfüllt gerade in den heißen, trockenen Sommermonaten auch eine wichtige Aufgabe im Garten, hilft sie doch den Vögeln beim Durststillen und bei der Reinigung des staubigen Gefieders. Sie werden staunen, wie sehr Ihr Garten durch zwitschernden Vogelbesuch an Lebendigkeit gewinnt!

Material

- Etwa 3 kg Ton
- Eisenoxyd
- Sonnengelbe und grüne Steinzeugglasur

- **Trocknungszeit etwa zwei Wochen**

1 Der Tonklumpen wird mit dem Wellholz durch kräftiges Schlagen platt geklopft, als Vorbereitung zum Auswalzen.

2 Ton mit der Walze ausrollen. Durch mehrmaliges Drehen des Tonklumpens entsteht eine rundliche Form, wie sie für die Vogeltränke benötigt wird. Die Holzleisten zu beiden Seiten des Tons dienen zur Herstellung einer gleichmäßig dicken Platte. Legen Sie ein Stück Plastikfolie unter den Ton, ehe Sie ihn auswalzen, dann löst sich die fertige Platte leichter vom Arbeitstisch.

Wichtig!
Sollten sich beim Auswalzen kleine Lufteinschlüsse in der Tonplatte abzeichnen, werden diese mit dem spitzen Messer aufgestochen. Mit dem Daumen verstreichen Sie die Öffnungen wieder.

3 Die ausgewalzte Tonplatte wird mit dem Schaber bzw. der Spachtel geglättet.

4 Aus der Tonplatte wird mit dem Messer die Rohform zugeschnitten. Da die Vogeltränke organisch ausgestaltet ist, bietet sich ein Kreis, eine Nierenform, ein Oval, ein Quadrat oder ein Dreieck als Grundform an. Für dieses Beispiel wurde die runde Form gewählt. Die fertige Platte hat einen Durchmesser von etwa 50 cm.

5 Nun wird ein breiter Rand nach oben gezogen und nach außen gebogen. So entsteht ein Wulst, der ringsum unterschiedlich stark zusammengedrückt wird. Die entstehende Form erinnert an Steine und Felsen und kann in Breite und Höhe durchaus etwas ungleichmäßg gestaltet sein. Achten Sie beim Drücken und Zusammenschieben darauf, daß keine zu dünnen Stellen entstehen. Hier könnten beim Trocknen oder Brennen Risse entstehen.

6 In der endgültigen Form hat die Vogeltränke eine Tiefe von etwa 6 cm.

7 Um der Vogeltränke ein rustikales, organisches Aussehen zu verleihen, wird sie am Rand und zum Teil auch innen am Boden strukturiert. Als Strukturmaterial bieten sich poröse zerfurchte Steine oder auch Eichen- und Korkrinde an. Mischen Sie nicht

zu viele Strukturen, sonst leidet der Gesamteindruck.

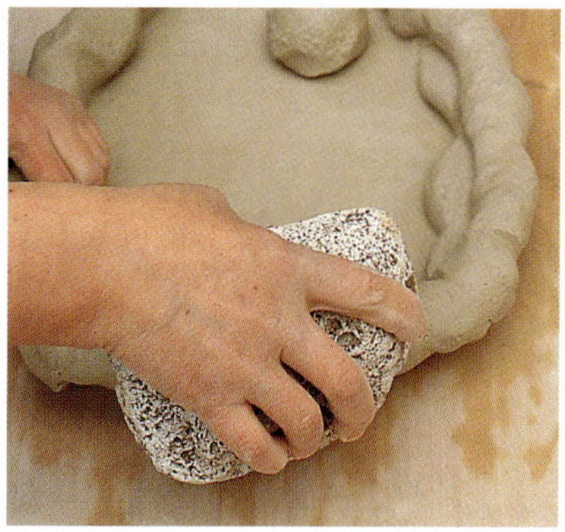

8 Wenn Sie den Rand strukturieren, achten Sie darauf, mit der Hand Gegendruck zu erzeugen, da die Form noch nicht stabil ist.

9 Wenn die Struktur unterschiedlich deutlich zu sehen ist, wirkt das Stück noch interessanter. Beginnen Sie dann, die übrige Gestaltung der Vogeltränke zu planen: in diesem Fall werden aus Ton modellierte Steine als »Landeplatz« für die Vögel installiert, und zwei Schnecken, ein Regenwurm und ein Frosch als Dekoration angebracht.

10 Für die Steine werden Tonkugeln in den Händen oder auf dem Tisch gerollt, der Durchmesser beträgt etwa 3 bis 5 cm.

11 Drücken Sie mit dem Daumen ein Loch in jede Kugel und vergrößern Sie es so weit, daß ein hohle Halbkugel entsteht. Achten Sie darauf, daß die Kugel nicht zu dünn wird, Sie benötigen einen dicken Rand zum Montieren und eine nicht allzu dünne Wand zum Strukturieren.

12 Strukturieren Sie die Steine wie die Bodenplatte der Vogeltränke.

13 Bereiten Sie die Steine zum Montieren vor, indem Sie sie mit einer Gabel aufrauhen und mit Schlicker bestreichen.

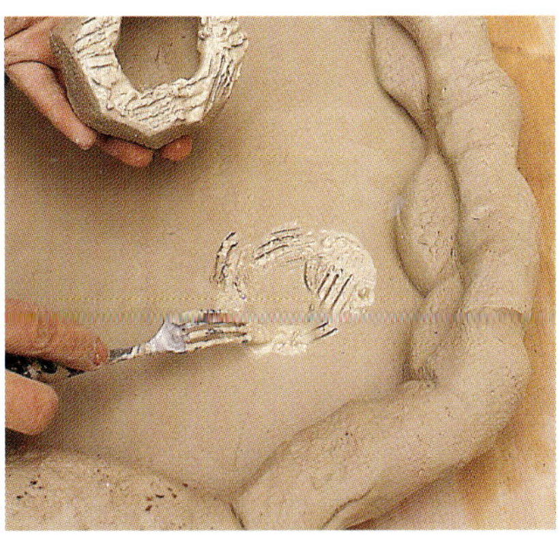

14 Auch den Boden der Tränke rauhen Sie auf und bestreichen ihn mit Schlicker.

15 Mit festem Druck befestigen Sie die Steine auf dem Boden, der Schlicker wird rundherum mit den Fingern oder mit einem Modellierholz verstrichen.

16 Gruppieren Sie die Steine als Gruppe und wischen Sie mit einem kleinen Schwamm Schlickerreste ab, die sich um die Steine gesammelt haben.

17 Für die Schnecke rollen Sie zwei Wülste aus Ton. Für das Schneckenhaus benötigen Sie einen Wulst, der sehr spitz ausläuft, der Schneckenkörper besteht aus einem kurzen und gleichmäßig dicken Wulst, an dessen einem Ende die Hörner der Schnecke herausgearbeitet werden, auf denen die Augen sitzen.

18 Rollen Sie das Schneckenhaus so, daß es nach außen »wächst« und verbinden Sie Schnecke und Schneckenhaus miteinander.

Wichtig!
Arbeiten Sie auch bei kleinen Verbindungen gründlich und mit Schlicker, so daß die Teile fest zusammenhalten und Sie möglichst lange Freude an Ihrer Töpferarbeit haben.

19 Die Augen der Schnecke deuten Sie mit der Spitze eines Kugelschreibers auf den Hörnchen an. Anschließend setzen Sie die Schnecke auf den Rand der Vogeltränke. Wenn Sie möchten, können Sie nun auch noch eine zweite Schnecke in der Vogeltränke plazieren. Der Regenwurm, der über einen der Steine kriecht, wird aus einem Tonwulst gearbeitet, auf dem vorsichtig mit dem Messer Ringe angedeutet wurden.

20 Der Frosch, der zu dieser Vogeltränke gehört, wird aus neun Teilen gearbeitet. Formen Sie für den Körper eine Kugel und aus der Kugel eine Eiform, die an einer Seite etwas spitz zuläuft. Das Maul vorne wird etwas platt gedrückt.
Für die Froschschenkel rollen Sie zwei kleine Kugeln, die dann in Keilform verstrichen werden. Die Hinterfüße sind aus zwei dickeren Tonwülsten geformt, die Vorderfüße sind etwas dünner. Zwei kleine Tonkugeln werden die Froschaugen.

21 Für die Zehen bzw. Schwimmhäute werden die Enden der Füße plattgedrückt und mit dem Modellierholz ausgeformt.

> **Tip**
> *Vieles kann bei der Tonbearbeitung als Werkzeug verwendet werden. Wie im Bild 21 zu sehen, wird aus einem abgebrochenen Zollstock ein spitzes Modellierholz, das den Froschfüßen die perfekte Form gibt.*

22 An das schmale Ende des Körpers werden die Froschschenkel montiert.

23 Mit dem Modellierholz wird die Muskelspannung der Sprungbeine angedeutet.

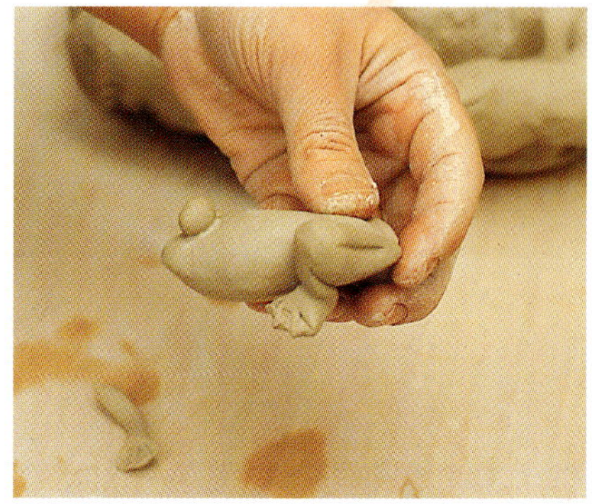

24 Die vorbereiteten Hinterfüße werden an das Sprungbein montiert.

25 Wenn alle Gliedmaßen und die Augen angebracht sind, schneiden Sie mit dem Messer das Maul ein, bis der Frosch »lacht« und montieren ihn mit Schlicker auf den Stein.

26 Da sitzt er nun auf seinem Stein und wartet auf die größte Fliege seines Lebens ...

27 Vergessen Sie nicht zum Schluß an einer unauffälligen Stelle Luftlöcher in die Steine zu stechen. Jeder Hohlkörper braucht ein Luftloch, da er das Trocknen und Brennen sonst nicht unbeschadet übersteht.

Die Vogeltränke ist nun fertig. Lassen Sie sie an einem nicht zu warmen Ort trocknen (siehe Seite 41). Dann kann sie gebrannt (Schrühbrand, siehe Seite 46) und mit Oxyd eingerieben werden (siehe dazu Seite 42). Der Frosch ist mit grüner, die Schnecken sind mit sonnengelber Steinzeugglasur glasiert (Technik siehe Seite 41) und an den braunen Stellen mit Oxyd eingerieben.
Das Einreiben mit Oxyd führt zu besonders interessanten Effekten, da der Ton weiter dominiert und nur wenige Akzente mit Glasuren gesetzt werden.

Diese Vogeltränke ist auch aus der eben beschriebenen Grundform entwickelt und wurde mit Hilfe eines Steines strukturiert. Die Vögel werden aus Kugeln geformt, die an zwei Seiten spitz herausgezogen sind für Schwanz und Schnabel. Die fertig modellierten Vögel werden aufgerauht und mit Schlicker auf die Steine montiert.

Die Tränke ist mit einer intensiven türkisblauen Steinzeugglasur überzogen, die Vögel werden dunkelbraun glasiert. Die Schnäbel heben Sie mit einer gelben Glasur hervor oder indem Sie die braune Glasur dort wieder abwischen. Die Vögel werden beim Glasieren bepinselt, die Tränke wurde getaucht (Techniken siehe Seite 43).

Igel

Der Igel ist ein drolliger Geselle, der in unseren Gärten leider nur noch selten vorkommt. Als Tonfigur ist er ein dekoratives Element, das sich mit Steinen oder Blumenkübeln wunderbar kombinieren läßt. Und auch direkt im Beet macht er sich nicht schlecht – als Schneckenschreck!

Material

- ✔ Etwa 1 kg Ton
- ✔ Eisenoxyd

- ✔ Trocknungszeit etwa zwei Wochen

1 Der Igel wird aus einem großen Klumpen Ton geformt. Rollen Sie eine große Kugel in den Händen und klopfen Sie sie leicht, damit eine gerade Unterseite entsteht. Die Schnauze wird mit Daumen und Zeigefinger herausgezogen. Sie ist nur ganz klein und zeigt leicht nach oben, was dem Igel ein keckes und lustiges Aussehen verleiht.

2 Ist die Grundform erstellt, muß der Igel ausgehöhlt werden. Dazu wird er mit einem Schneidedraht aufgeschnitten.

Wichtig!
Achten Sie beim Aufschneiden von Grundformen darauf, daß wichtige Stellen nicht zerschnitten werden. Beim Igel wäre das z.B. das Gesicht.

3 Mit der Modellierschlinge lassen sich die beiden Hälften gut aushöhlen.

4 Versuchen Sie beim Aushöhlen eine gleichmäßige Wandstärke von etwa 1,5 cm zu erreichen.

5 Die ausgehöhlten Igelhälften werden an den Rändern aufgerauht, mit Schlicker bestrichen und wieder zusammengesetzt.

6 Drücken Sie die beiden Hälften mit Kraft aufeinander. Mit dem Modellierholz wird die Nahtstelle gefestigt, indem man rundum eine Art »Reißverschluß« eindrückt.

7 In den enstandenen Reißverschluß wird ein Tonwulst gelegt und mit dem Daumen gut verstrichen.

8 Bearbeiten Sie dann mit dem Schaber die Form. Biegen Sie dabei den Schaber ein wenig, so daß eine runde und glatte Igelform entsteht.

9 Mit dem runden Ende des Modellierholzes werden rechts und links über der Schnauze die Augenhöhlen modelliert.

13 Natürlich spricht überhaupt nichts dagegen, gleich eine ganze Igelfamilie anzufertigen.

10 Befestigen Sie dann mit etwas Schlicker zwei kleine runde Kugeln in den Augenhöhlen und stecken Sie mit einem Modellierstäbchen zwei Löcher in die Nase. Unter der Nase wird mit dem Messer ein lachender Mund angedeutet.

11 Die Ohren werden mit Hilfe eines Modellierholzes über den Augen angedeutet.

12 Mit einer Gabel, die möglichst enge und spitze Zinken haben sollte, erhält der Igel sein Fell. Sie können dafür auch einen Kamm verwenden.

Wichtig!
Vergessen Sie auch bei dieser Figur nicht, an einer unauffälligen Stelle ein Luftloch zu stechen.

Nach dem Trocknen (siehe Seite 41) wird der Igel gebrannt (Schrühbrand, siehe Seite 46), mit Eisenoxyd eingerieben (siehe Seite 42) und nochmals gebrannt. Die angedeuteten Stacheln werden ein zweites Mal mit Oxyd bepinselt, damit sie dunkler werden und einen Kontrast bilden.

Frosch

Der Frosch macht sich besonders gut im Wasser, er sitzt aber auch gern im Blumenkasten. Je sorgfältiger und genauer er gearbeitet wird, desto naturgetreuer wirkt er. Und noch etwas: dieser Frosch erspart Ihnen den Streit mit dem Nachbarn – er quakt nicht (auch wenn er so aussieht, als könnte er's).

Material

- ✔ Etwa 1/2 kg Ton
- ✔ Grüne, braune und weiße Steinzeugglasur
- ✔ Eisenoxyd

- ✔ **Trocknungszeit etwa drei Wochen**

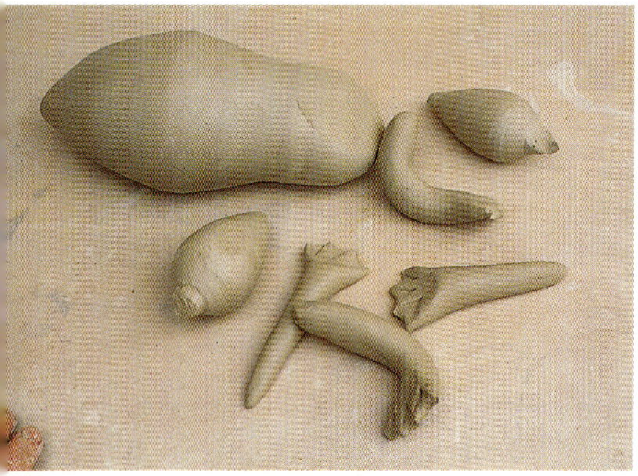

1 Der Frosch wird Schritt für Schritt zusammengesetzt. Bereiten Sie alle Teile vor. Aus einem größeren Klumpen Ton formen Sie erst eine Kugel, dann eine Ei-Form. Das Hinterteil des Frosches wird spitz zulaufend modelliert. Das vordere Teil des Körpers streichen sie flach, daraus wird später das Maul.
Aus Kugeln modellieren Sie die kegelförmigen Froschschenkel, die Hinterbeine haben vorne breitgedrückte, ausgestaltete Füße und werden mit den schmalen Enden an die Froschschenkel montiert. Die Vorderbeine bestehen aus dickeren Tonwülsten, die an einem Ende zu Zehen und Schwimmhäuten plattgedrückt sind. Sie sind außerdem leicht gebogen.

2 Der Körper des Frosches wird entlang einer mit dem Messer vorgezeichneten Linie mit dem Schneidedraht geteilt. Die beiden Hälften werden ausgehöhlt, wie beim Igel auf Seite 19 gezeigt. Wie bei allen anderen hier gezeigten Hohlkörpern ist es wichtig, daß die Form nach dem Aushöhlen gut nachgearbeitet wird.

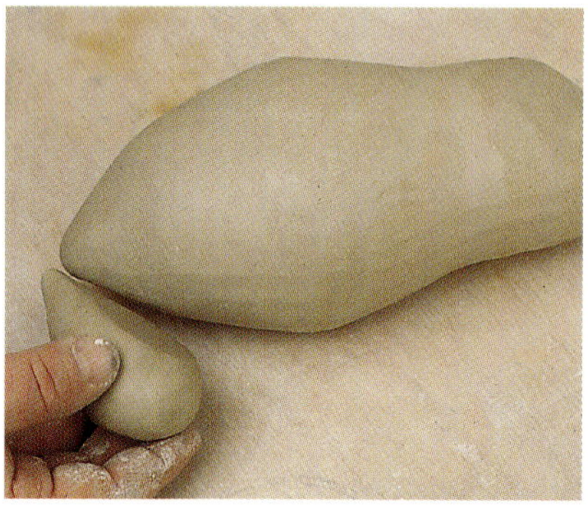

3 Die Froschschenkel werden an die hintere, schmal zulaufende Körperhälfte montiert.

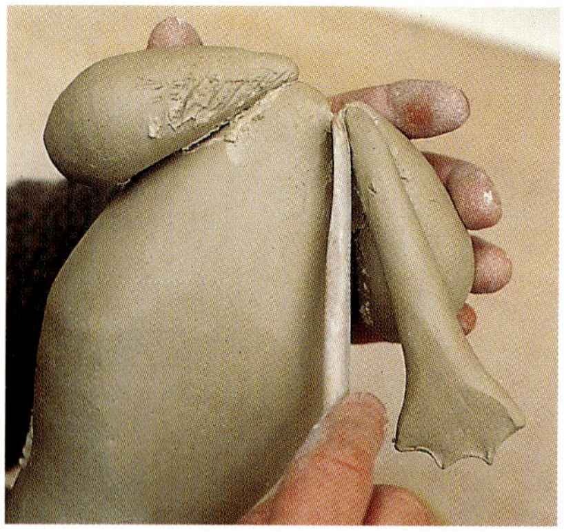

4 Mit dem Modellierholz drücken Sie den Schlicker in die Nahtstelle. Überflüssiger Schlicker wird verstrichen.

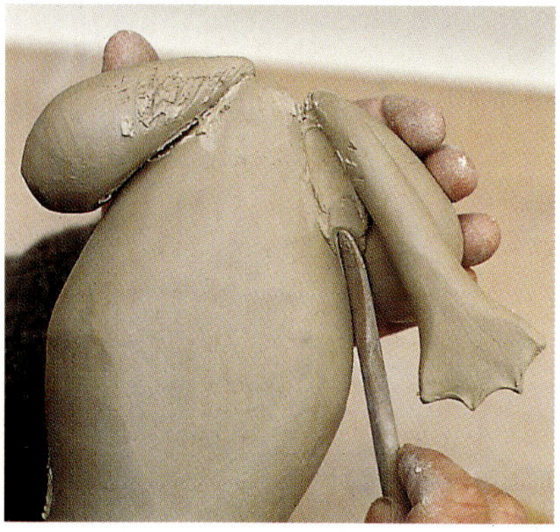

5 Die Hinterbeine werden an die vorbereiteten, aufgerauhten Schenkel angesetzt. Mit Tonwülsten, die in die Ansatzstelle gedrückt werden, machen Sie die Form stabil. Die Wülste gut verstreichen, damit sie nicht mehr zu sehen sind. Jeder Riß oder Ritz muß mit dem Modellierholz geschlossen und gut verstrichen werden.

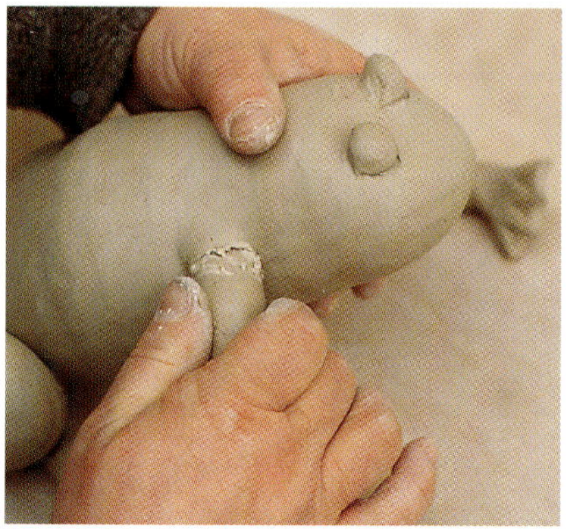

6 Die Augen werden aus zwei gleich großen Tonkugeln gearbeitet und angesetzt. Mit dem runden Ende des Modellierholzes werden Achselhöhlen gebohrt. In diese Höhlen werden mit viel Schlicker die Vorderbeine montiert.

Tip

Je sorgfältiger und anatomisch genauer Sie arbeiten, desto überzeugender ist das Ergebnis. Gerade mit den Kleinigkeiten steht und fällt das Objekt in seiner Wirkung. Arbeiten Sie auch an den Stellen sorgfältig, die später kaum mehr zu sehen sind. Gerade bei zusammengesetzten Objekten ist die Gefahr, daß sich Risse bilden, nicht zu unterschätzen und kann durch Aufrauhen, Schlickern und Verstreichen stark reduziert werden.

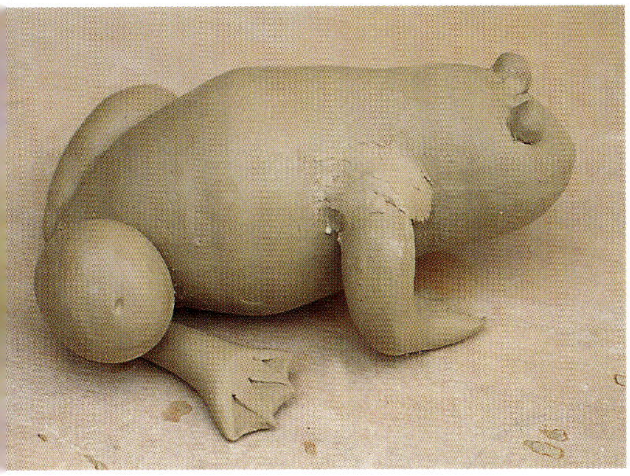

7 Die Vorderfüße werden leicht nach innen gebogen, so macht der Frosch den Eindruck, als wollte er gleich loshüpfen.

8 Mit dem runden Modellierholz werden Höhlen in die Kugelaugen gedrückt, das Maul wird ebenfalls mit dem Holz eingezeichnet.

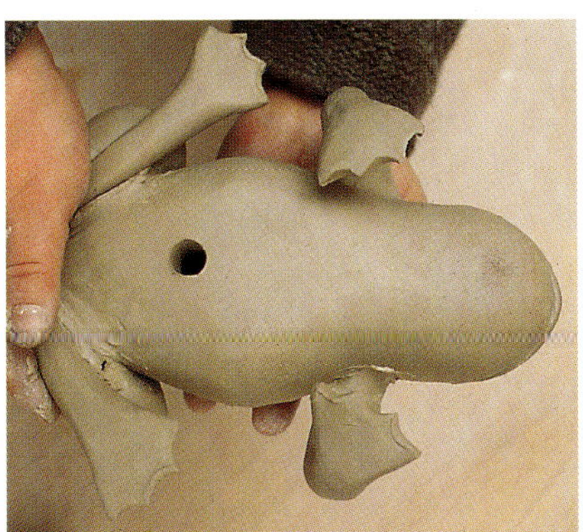

9 Wie bei allen Hohlkörpern ist es auch beim Frosch sehr wichtig, ein Loch in die Unterseite zu bohren.

> **Tip**
> *Wenn Sie das Loch an der Unterseite des Tieres mit einem Apfelentkerner rund und gleichmäßig ausstechen, können Sie den Frosch oder andere Figuren auch auf einen Stab bzw. ein Rundholz stecken und so Ihre Gartenbeete verschönern.*

10 Schließlich erhält der Frosch noch Pupillen aus kleinen Tonkugeln, zwei Nasenlöcher, die mit einem Modellierstäbchen angebracht werden und an einigen Stellen eine Reptilienhaut, deren Struktur Sie mit einem porösen Stein in den Ton drücken (siehe Vogeltränke Seite 14).

11 Sie können die Schwimmflossen auch dadurch gestalten, daß Sie sie mit dem Messer einritzen und die Zehen mit dem Daumen herausarbeiten (ähnlich wie beim Drachen Seite 25). Wenn Sie dann noch eine Kugelschreibermine zum Verzieren einsetzen, ist es schon fast ein Froschkönig, der unter Ihren Händen entsteht.

12 Einen Kugelschreiber können Sie auch für die Ausgestaltung der Pupillen verwenden.

13 Wenn Sie mit dem Messer eine Unterlippe anzeichnen und dem Frosch damit das Maul öffnen, haben Sie am Ende einen vergnügten Frosch, der gut lachen hat.

Der Frosch wird getrocknet (siehe Seite 41) und kann dann gebrannt und glasiert werden (Schritt-für-Schritt-Anleitung dazu ab Seite 44). Und ob kleiner oder großer Frosch – einem fröhlichen Froschkonzert im Garten steht nun nichts mehr im Wege.

Drache

Eigentlich gehört er in die Welt der Fantasie und Märchen. Zahllose Legenden ranken sich um ihn und das Feuer, das er speit. Als geheimnisvolle Figur kann man ihn in einen Steingarten setzen oder in einen alten, knorrigen Baum hängen. Aber auch auf dem Balkon oder an einem Balken des Terrassendaches beflügelt er jedermanns Fantasie.

Material

- ✔ Etwa 1 kg Ton
- ✔ Blaue Steinzeugglasur (mit grünen Farbkörpern)
- ✔ Eventuell Kerzendochte
- ✔ Eventuell Drahtaufhängung

- ✔ **Trocknungszeit etwa zwei Wochen**

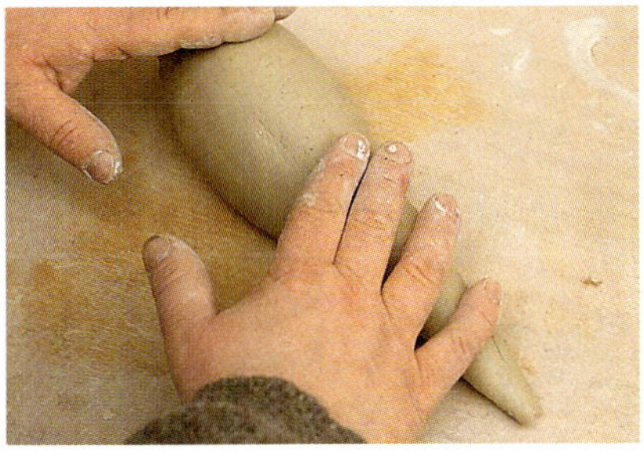

1 Aus etwa einem halben Kilo Ton rollen Sie einen Wulst, der vorne stumpf und rundlich ist und hinten in einem langen, schmäler werdenden Schwanz ausläuft. Daraus werden Kopf, Körper und Schwanz des Drachen geformt.

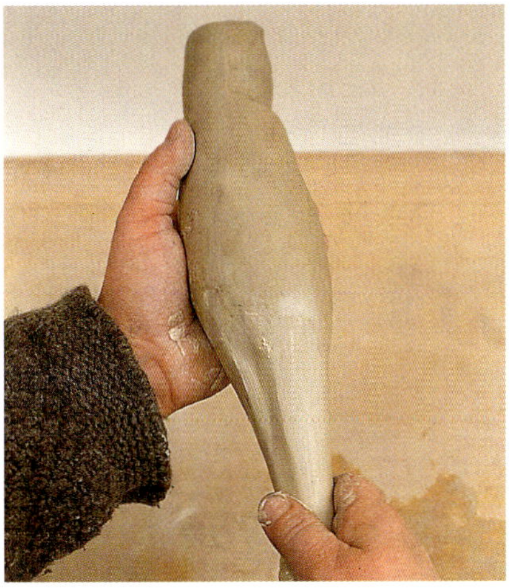

2 Am stumpfen Ende drücken Sie mit den Fingern einen Halsansatz ein, so daß der Kopf zu erkennen ist. Mit etwas Wasser an den Händen ziehen Sie den Schwanz in die Länge, so daß er lang und schmal ausläuft.

Tip

Bearbeiten Sie in diesem Stadium den Ton nur in den Händen, nicht am Tisch oder auf Ihrer Arbeitsunterlage. Durch das Drehen und Wenden in den Händen können die Proportionen besser herausgearbeitet werden.

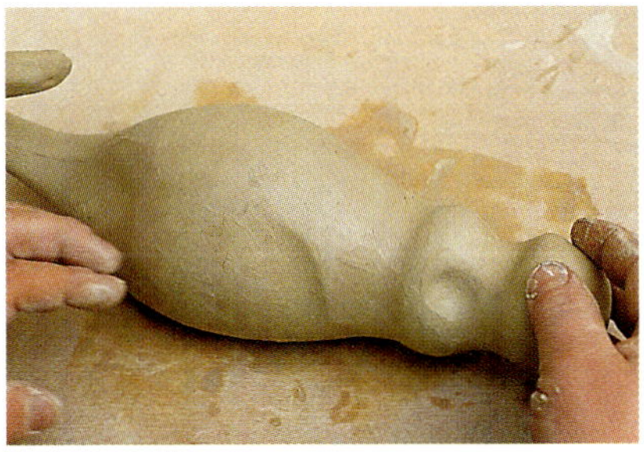

3 Mit den Fingern arbeiten Sie am Kopf eine Einbuchtung, so daß die Schnauze erkennbar wird. Auch die Augenhöhlen entstehen auf diese Weise. Der Bauch wird durch Eindrücken ebenfalls hervorgehoben. Ist die Grundform – ohne Werkzeug, nur durch die Arbeit Ihrer Hände – fertiggestellt, lassen Sie die Figur für zwei Stunden ruhen. Zum Antrocknen nicht zu warm stellen. Nach diesen zwei Stunden kann der Drache ausgehöhlt werden. Gehen Sie dazu wie beim Igel, auf Seite 19 beschrieben, vor.

Tip

Wenn Sie das ausgehöhlte Tier mit Zeitungspapier ausstopfen, ist das Wiederzusammensetzen der beiden Hälften einfacher. Das gilt besonders bei komplizierteren Hohlkörpern wie dem Drachen. Das Papier zerfällt beim Brennen zu Asche und bläst heraus. Und heraus muß auch die Luft. Deshalb dürfen Sie das Loch an der Unterseite des Bauches nicht vergessen.

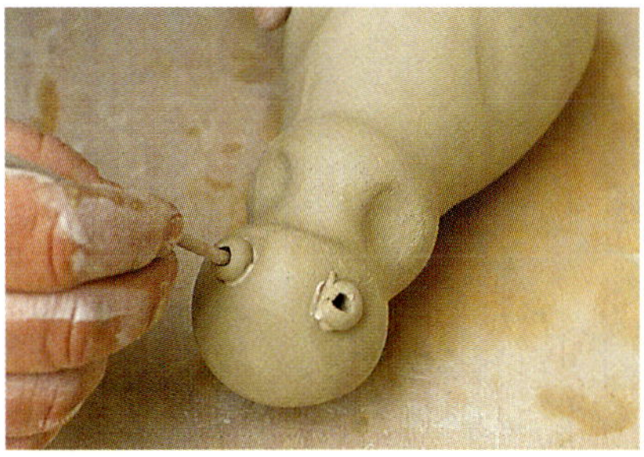

4 In die Mulden der Nase setzen Sie nun die Nüstern. Dazu befestigen Sie kleine Tonkugeln mit Schlicker in den Mulden und bohren mit einem Modellierstäbchen Löcher hinein.

5 Bereiten Sie dann die restlichen Einzelteile des Drachens vor: zwei große Flügel, eine Reihe Rückenzacken (wie große Schuppen geformt) und vier Tonkugeln für die Pfoten.

6 Die Flügel werden mit einem spitzen Modellierholz eingedrückt, so daß der Eindruck von Fledermausflügeln entsteht.

7 Um diesen Eindruck zu verstärken, werden die Flügel noch mit dem Daumennagel gezackt.

8 Bereiten Sie den Körper für die Montage der Flügel und Rückenzacken vor. Rauhen Sie dazu die vorgesehenen Positionen mit der Gabel auf und bestreichen Sie sie mit Schlicker, ebenso die montierten Teile. Mit dem Modellierholz werden die Flügel rechts und links der Körpermitte angedrückt.

9 Um den Flügel wird der Schlicker in die Nahtstelle gedrückt. Überflüssiger Schlicker wird abgenommen oder – bei geringer Menge – verstrichen.

10 Die vorbereiteten Rückenzacken werden mit festem Druck montiert.

11 Die Drachenpfoten werden montiert und mit dem Modellierholz gut verstrichen. Sie können auch etwas plattgedrückt werden. Dann werden, ebenfalls mit dem Modellierholz, die Einkerbungen gemacht, die die Drachenkrallen andeuten.

12 Als Augen werden kleine Tonkugeln in die vorgesehenen Höhlen montiert. Mit der Messerrückseite zeichnen Sie das Maul ein, das ganz nach Belieben auch leicht geöffnet sein kann.

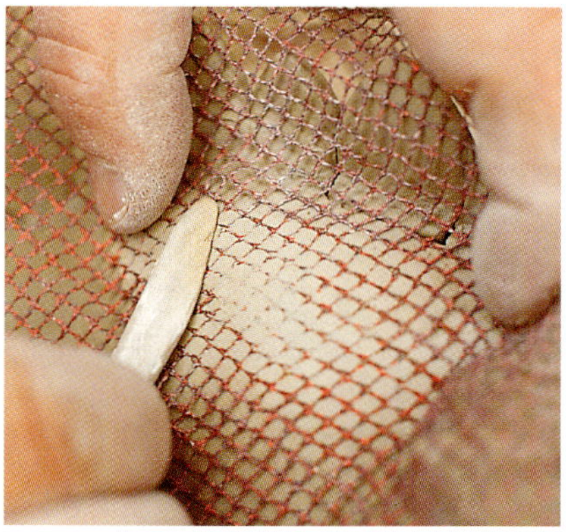

13 Besonders »echt« bzw. reptilienhaft sieht der Drache aus, wenn er eine Schuppenhaut erhält. Dazu drücken Sie ein Stück Tüll mit dem Daumen oder dem Modellierholz auf Bauch und/oder Rücken und lösen es wieder ab. Es genügt, wenn der Drache nur teilweise strukturiert ist.

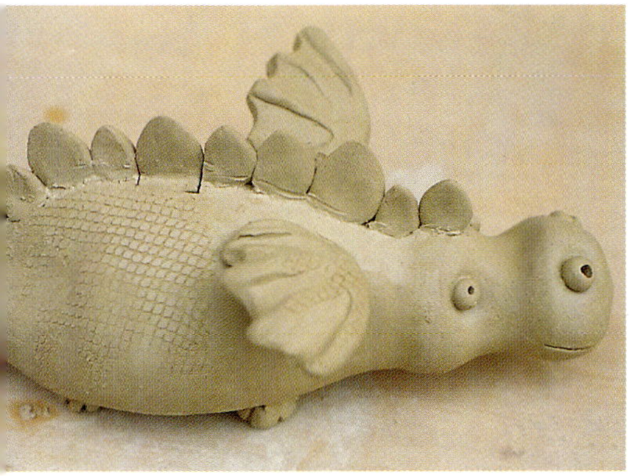

14 Der fertige Drache sieht so aus, als würde er sich gerade »aufpumpen« und, wie ein Käfer, einen Startversuch in die Luft unternehmen. Nach dem Trocknen (siehe Seite 41) wird er gebrannt und glasiert wie auf Seite 44 beschrieben.

15 Wenn er wirklich fliegen soll, dann bohren Sie in die Flügel und in eine Rückenzacke mit einem Modellierstäbchen kleine Löcher, durch die später ein Draht gezogen wird, an dem der Drache aufgehängt werden kann. Achten Sie darauf, daß sich durch die Aufhängung ein Dreieck und somit ein Gleichgewicht ergibt, damit der Drache gerade hängt. Im Spezialhandel sind auch vorgefertigte Aufhängungen erhältlich.

16 Der fertige Drache ist in jedem Fall ein Prachtstück seiner Art!

17 Wenn Sie beim Aushöhlen besonders sorgfältig gearbeitet haben und auch der Kopf hohl ist, dann können Sie den Drachen auch als Öllampe verwenden. Der Bauch ist dann der Behälter für das Öl, die Dochte werden in die Drachennüstern gesteckt.

Als ersten Arbeitsschritt schneiden Sie eine Rückenzacke heraus – das wird das Einfülloch.

18 Die herausgetrennte Rückenzacke ist gleichzeitig der Verschluß der Öllampe, der haargenau in die Öffnung paßt.

Wichtig!

Wenn Sie aus dem Drachen eine Öllampe machen, entfällt natürlich das Luftloch im Bauch. Die Nüstern müssen mit einem Modellierstäbchen so tief eingestochen werden, daß eine Verbindung zum Bauch hergestellt ist, in dem sich das Öl befindet. Der Docht sollte eine Länge von ca. 15 cm haben und etwa 1 cm weit aus den Nüstern ragen. Die Nüstern selbst müssen für den gewählten Docht breit und tief genug sein. Am besten ausprobieren!

Schlange

Ein wenig zwiespältig ist das Verhältnis, das die Menschen seit jeher zur Schlange haben. Sie hat etwas Exotisches, aber auch Gefährliches. Auch daß Sie listig ist und schlau, wird ihr nachgesagt – und genau das ist wohl ihr besonderer Reiz.

Material
- ✔ Etwa 1 kg Ton
- ✔ Eisenoxyd

- ✔ Trocknungszeit etwa zwei Wochen

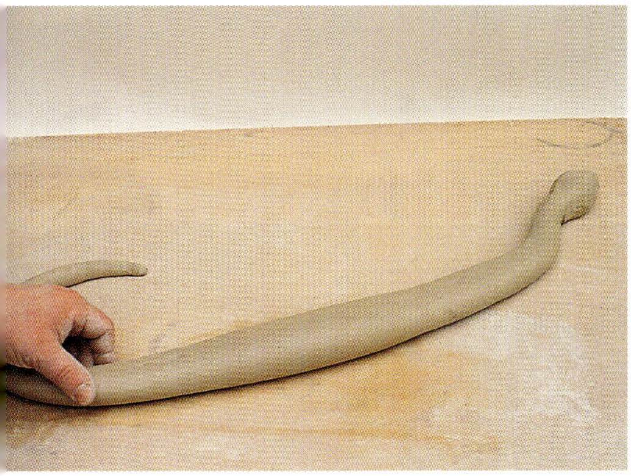

1 Aus knapp 1 kg Ton wird ein dicker Wulst gerollt. An einem Ende wird der lange, dünnere Schwanz geformt. Die Gesamtlänge beträgt etwa 50 cm. Am vorderen dicken Ende wird der Kopf durch eine Mulde abgesetzt, die mit dem Daumen eingedrückt wird.

2 Formen Sie den Schlangenkopf. Das Maul wird mit dem Daumen zunächst etwas spitz gestrichen und anschließend ein wenig stumpf gedrückt. Die Backen am hinteren Kopfstück werden dick gehalten, eventuell noch etwas Ton dazugeben. Auf jeder Seite ein Klümpchen andrücken und gut verstreichen.

3 Mit Tüllgewebe wird die Struktur eingedrückt, am Kopf beginnend über den Körper bis zum Schwanz.

4 Wickeln Sie die Schlange in das Gewebe ein und legen Sie sie etwa in die Form, die sie später einmal haben soll.

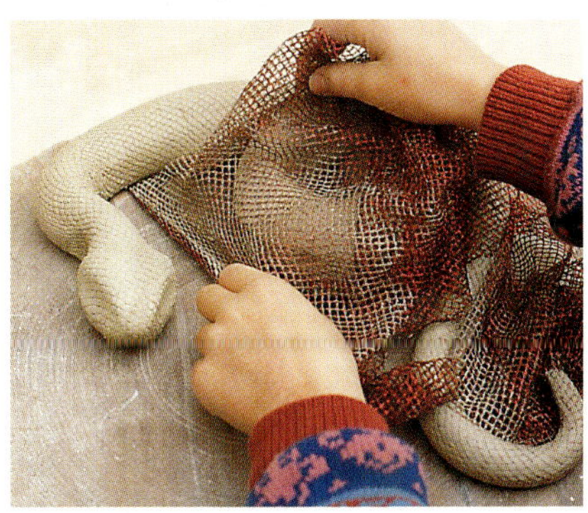

5 Vorsichtig wird der Tüll wieder abgezogen, die Schlange »häutet« sich. Geben Sie acht, daß die Struktur dabei nicht zerstört wird.

6 Geben Sie der Schlange jetzt, ohne die Struktur zu zerdrücken, ihre endgültige Form. Sie kringelt sich.

7 Der Kopf wird gestaltet. In die Wangen werden die Augenhöhlen eingedrückt, am besten mit dem runden Ende des Modellierholzes. In diese Höhlen werden mit Schlicker zwei kleine Tonkugeln gedrückt.

Mit dem Messer öffnen Sie das Maul, zwei kleine Tonwülste bilden zusammengedrückt die Doppelzunge. Vorne am Maul werden mit dem Modellierholz zwei Nasenlöcher etwas länglich und nicht zu tief eingedrückt.

8 Sssssst, Sssssst ... die Schlange ist fertig und fast zum Fürchten ...

Trocknen Sie die Schlange (siehe Seite 41), ehe Sie sie brennen (siehe dazu Seite 46). Die gebrannte Schlange wird mit Eisenoxyd eingerieben. Wie das genau gemacht wird, finden Sie auf Seite 42. Durch nochmaliges Bepinseln mit Oxyd werden die Augen und einzelne Schuppen hervorgehoben.

Eine Schlange macht aus einem einfachen Blumenkasten ein besonders effektvolles Einzelstück. Die Schlange wurde in lederhartem Zustand auf den ebenfalls lederharten Kasten montiert. Arbeiten Sie beim Glasieren des Kastens vorsichtig, die Schlange soll nichts von der blauen Steinzeugglasur abbekommen, das würde die Gesamtwirkung beeinträchtigen.

Ente

Unter all den Tieren, die Garten, Balkon oder Terrasse beleben, darf die Ente natürlich nicht fehlen. Sie wird als Hohlkörper aus zwei Teilen gearbeitet. Beeindruckend ist die schlichte Form des Tieres, die durch stimmige Proportionen unterstrichen wird.

Material

- ✔ Etwa 1,5 kg Ton
- ✔ Weiße, braune, blaue und grüne Steinzeugglasur

- ✔ **Trocknungszeit etwa zwei Wochen**

1 Rollen Sie auf der Arbeitsplatte eine Ei-Form. Daraus entsteht der Körper der Ente, der auf der einen Seite stumpf, auf der anderen Seite spitz zuläuft für den Schwanz.
Wie bei allen Hohlkörpern müssen Sie den Entenkörper aufschneiden, auf eine Wandstärke von 1,5 cm aushöhlen und wieder zusammensetzen (siehe Igel Seite 19).

2 Aus einem dicken Tonwulst von 5 cm Durchmesser und 12 cm Länge werden der breite Entenschnabel, der Kopf mit den dicken Backen und der Hals herausgearbeitet. Verstreichen Sie den Ton mit den Fingern, Werkzeug benötigen Sie nicht.

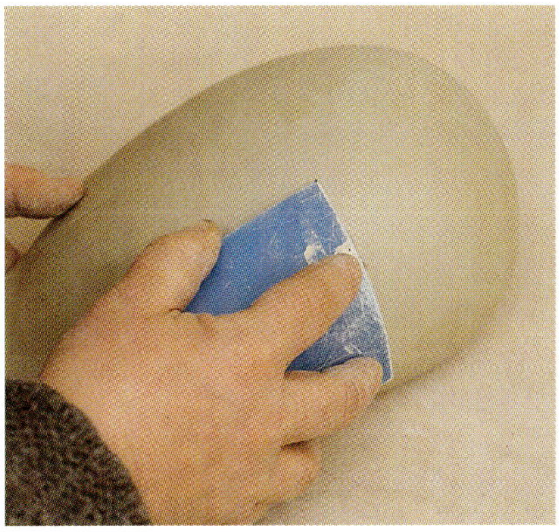

3 Mit dem Schaber arbeiten Sie dann den ausgehöhlten Körper nach: die runde, gewölbte Brust und den nur leicht nach hinten herausgezogenen Schwanz, so daß sich eine harmonische, spannungsreiche Form ergibt.

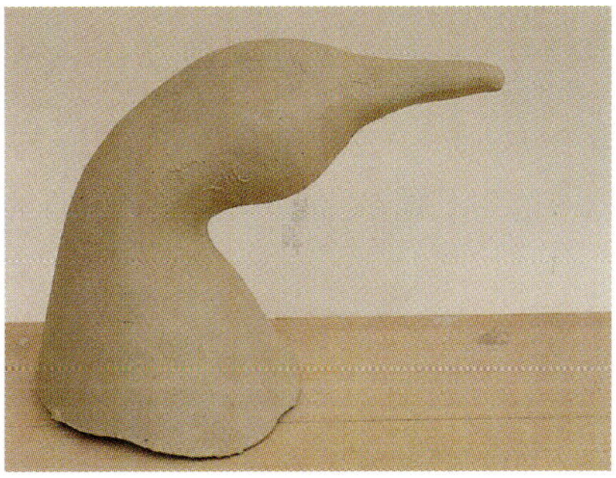

4 Arbeiten Sie das Kopfstück der Ente aus und lassen Sie es zwei Stunden trocknen. So kann es leichter an den Körper montiert werden, ohne daß die Form verdrückt wird.

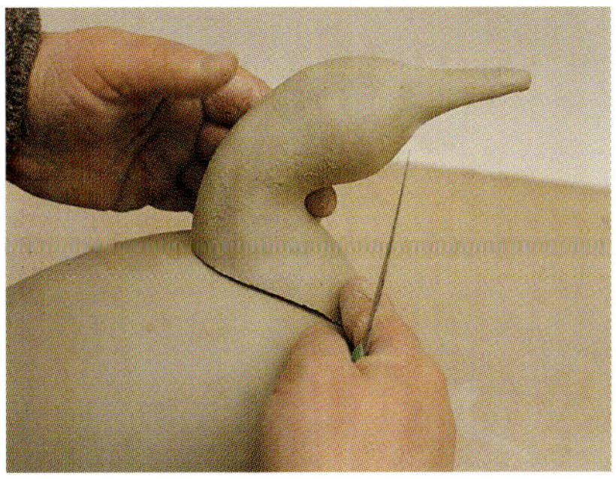

5 Das fertige Kopfstück wird mit dem Messer schräg abgeschnitten, der Hals an den Körper genau angepaßt.

6 Der Hals wird mit der Modellierschlinge etwas ausgehöhlt. In den Körper bohren Sie an der Stelle, an der Hals und Kopf angesetzt werden, mit dem Apfelstecher ein Loch. Rauhen Sie Körper und Kopf mit der Gabel auf, bestreichen Sie beide Teile mit Schlicker und drücken Sie sie fest aufeinander.

7 »Versäubern« Sie die Ansatzstelle des Halses mit den Fingern. Gestalten Sie den Schnabel, indem Sie mit dem Modellierholz die obere und untere Schnabelhälfte durch eine Einkerbung andeuten.

8 Drücken Sie die Augenhöhlen mit dem Modellierholz ein und befestigen Sie mit Schlicker kleine Tonkügelchen darin.

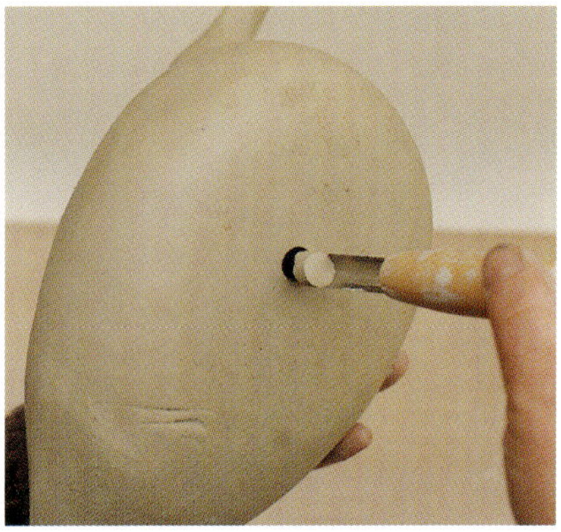

9 Stechen Sie wie bei jedem Hohlkörper an der Unterseite ein Loch.

Lassen Sie die Ente trocknen (siehe Seite 41), ehe Sie sie brennen (siehe Seite 46) und glasieren (siehe Seite 44). Wie unterschiedlich die Enten mit ihren verschiedenen Glasuren wirken, zeigt Ihnen die Abbildung auf Seite 32.

Glockenspiel

Mit dem Glockenspiel können Sie nicht nur Balkon oder Terrasse, sondern auch ein Blumenfenster oder einen Wintergarten hübsch dekorieren. Sie sollten es an einen Ort hängen, wo der Wind die Glöckchen ab und an sanft zum Klingen bringt.

Material

- ✔ Etwa 1/2 kg Ton
- ✔ Braue Steinzeuglehmglasur
- ✔ Weißes Baumwollgarn
- ✔ Zweig (Buche oder Obstbaum)

- ✔ Trocknungszeit etwa zwei Wochen

1 Ausgangspunkt für das Glockenspiel sind drei Tonkugeln im Durchmesser von 3 bis 5 cm. Die Kugeln werden in den Händen gerollt.

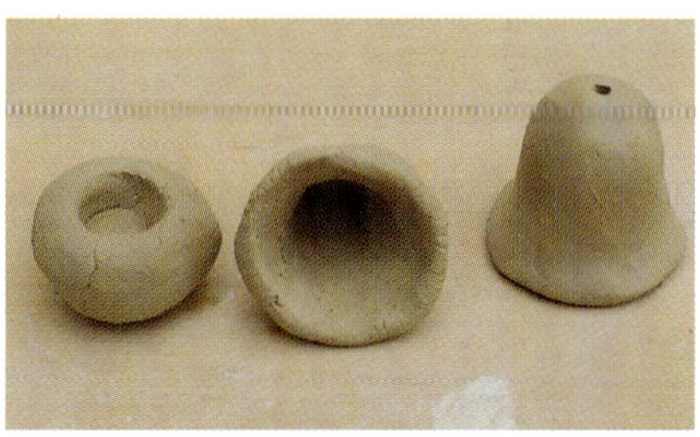

2 Die Kugeln mit dem Daumen eindrücken, dann steil zulaufende Daumenschälchen arbeiten, wie es bei der Vogeltränke Seite 14 für die Inselsteine beschrieben ist. Der Daumen drückt dabei auf der Innenseite, die Finger halten von außen dagegen. Führen Sie diese Bewegung im Kreis herum aus, bis eine Glockenform entstanden ist. An der geschlossenen Oberseite drücken Sie die Glocke etwas flach und bohren dort mit einem Modellierstäbchen das Loch für die Aufhängung.

3 Stellen Sie auf diese Wiese drei Glocken in unterschiedlicher Größe her.

4 Als weiteres Zubehör arbeiten Sie aus Ton drei kleine Kugeln, drei größere Kugeln, drei flache Scheiben und drei kleine Vögel. Die Scheiben sind aus plattgedrückten Tonkugeln gearbeitet, die mit Löchern versehen werden.

5 Der Körper des Vogels wird aus einem Stück Ton gerollt und läuft vorne und hinten spitz zu. Die Flügel sind einzeln gearbeitet und werden mit Schlicker rechts und links am Körper befestigt. Stechen Sie mit dem Modellierstäbchen vorsichtig durch den Bauch des Vogels, so daß ein durchgängiges Loch entsteht. Durch dieses Loch wird später ein Stück Baumwollgarn gefädelt, mit dem der Vogel am Zweig befestigt wird.

Nach dem Trocknen (siehe Seite 41), Brennen und Glasieren (siehe Seite 46) werden die drei Glocken, die Vögel und die Zierperlen mit einer passenden Schnur an den Zweig gebunden.

Wenn das Glockenspiel auch richtig erklingen soll, müssen Sie noch weitere Kügelchen aus Ton anfertigen, die dann im Inneren der Glocke befestigt, d.h. an die Aufhängeschnur geknotet werden. Außerdem müssen sich die Glocken nach dem Aufhängen berühren. Achten Sie darauf, daß die Kugeln gleichmäßig rund sind. Die Löcher werden mit einem Modellierstäbchen gestoßen. Sie dürfen nicht zu klein sein, damit die fertigen Kugeln leicht aufgefaßt werden können. Die in diesem Fall aus rotem Ton gefertigten Perlen können Sie auch aus einer anderen Tonsorte anfertigen.

Klangspiel

Hier werden Sie in die Welt der Klänge entführt. Die unterschiedliche Länge der Stäbe und die Art der Aufhängung »komponieren« die Melodie Ihres Klangspiels. Hängen Sie die Stäbe deshalb so nah aneinander, daß sie sich auch bei sachtestem Wind berühren.

Material

- ✔ Etwa 1/2 kg Ton
- ✔ Lederbänder
- ✔ Zweig
- ✔ Hellblaue, dunkelblaue, gelbe, rosa und türkisfarbene Engobe

- ✔ **Trocknungszeit etwa zwei Wochen**

1 Aus einer dünn ausgewalzten Tonplatte (ca. 4 mm dick) wird ein Rechteck mit einer Länge von 18 cm ausgeschnitten. Mit einem Holzstab (Durchmesser 4 mm, Länge 20 cm) arbeiten Sie die Klangrohre.

2 Wickeln Sie dazu den Holzstab in die Tonplatte ein, bis nur noch die Stabenden zu sehen sind. Wenn es zu kleinen Rissen kommen sollte, verstreichen Sie diese mit dem Daumen.

3 Schneiden Sie die Tonplatte ab, so daß die Kanten etwa 3 mm übereinanderliegen.

4 Die Nahtstellen des Klangstabes werden beidseitig gründlich aufgerauht und geschlickert. Es muß eine »saftige« Verbindung entstehen.

5 Die Nahtstellen werden aufeinandergedrückt und geglättet. Zum Verstreichen können Sie auch ein Messer verwenden.

6 Rollen Sie den tonüberzogenen Stab noch einmal auf Ihrer Arbeitsfläche.

7 Wenn der Stab eine zufriedenstellende Form hat, wird er herausgezogen.

8 Für die Aufhängung bohren Sie an einem Ende des Klangstabes mit einem Modellierstäbchen zwei Löcher. Versäubern Sie diese und überprüfen Sie, daß sich die Öffnungen dabei nicht wieder geschlossen haben.

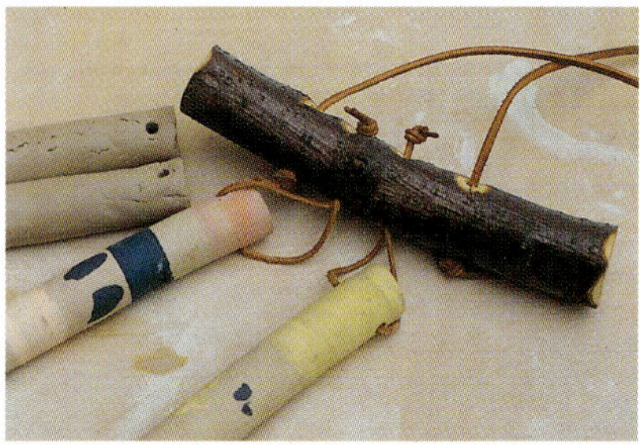

9 Wenn Sie die Klangstäbe nach dem Trocknen (siehe Seite 41) gebrannt und glasiert (siehe unten) haben, werden Sie an Lederbändern an einem Zweig befestigt.

Der Auftrag der dunkelblauen, hellblauen und türkisfarbenen Engobe erfolgt mit dem Pinsel. Um klare Linien zu erhalten, werden die Klangstäbe mit Tesakreppstreifen abgeklebt, die auf die gewünschte Breite und Form zugeschnitten sind. Wenn die Stäbe dann eingefärbt werden, ist an den abgeklebten Stellen der »blanke« Ton zu sehen.

Das Klangspiel in der Mitte des Fotos wird mit Hilfe eines Schwämmchens eingefärbt, das in die Engobe getaucht und dann auf die Stäbe gedrückt wird. Türkis, Blau, Rosa und Gelb finden hier Verwendung.

Lichterhaus

Mit diesem Lichterhaus zaubern Sie eine romantische Stimmung in jeden Garten und auf jeden Balkon. Und natürlich funktioniert das nach der Gartensaison auch an ungemütlichen Herbst- und Wintertagen im warmen Zuhause.

Material

- ✔ Etwa 3/4 kg Ton
- ✔ Eisenoxyd
- ✔ Grüne und blaue Steinzeugglasur

- ✔ Trocknungszeit etwa zwei Wochen

1 Walzen Sie eine Tonplatte zu knapp 1 cm Dicke aus und schneiden Sie daraus die Hausteile zu. Sie benötigen zwei Giebelseiten, zwei Seitenteile, zwei Dachseiten und den Schornstein (mit Abzugsloch, das mit dem Messer herausgeschnitten wird), außerdem einige kleine Rechtecke, die als Fensterläden fungieren.

2 Die zugeschnittenen Teile werden aufgerauht, mit Schlicker bestrichen und zusammenmontiert.

3 Schneiden Sie ein Loch in das Dach und montieren Sie den Schornstein darüber. Verstreichen Sie die Ansatzstelle gut.

4 An jeder Seite des Häuschens werden nun mit dem Messer Fenster herausgeschnitten. Je mehr Fenster Sie einfügen, desto heller leuchtet das Haus. Auch ins Dach können Fenster eingearbeitet werden.
Aus dünnen Tonwülsten entstehen die Fensterkreuze, die in die Öffnungen eingefügt werden.
Die Fensterläden werden mit dem Messer schräg eingeritzt.

5 An der Giebelseite entsteht eine schöne große Tür, die Sie erst aus dem Haus heraussschneiden und dann wieder ansetzen. Durch diese Tür kann später das Teelicht ins Innere des Häuschens geschoben werden. Kerben Sie die Tür mit einem kleinen Modellierholz leicht ein, so daß Sie aussieht, wie aus Holzstäben verleimt.

6 Mit den angesetzten Fensterläden und einem Gartenzaun aus dünnen Tonwülsten an der Seite kann sich das fertige Lichterhaus wirklich sehen lassen. Mit dem Modellierholz können Sie am Kamin noch eine Mauerstruktur und auf dem Dach Schindeln andeuten.

Lassen Sie das Haus trocknen (siehe Seite 41), ehe Sie es brennen (Schrühbrand siehe Seite 46), mit Eisenoxyd einreiben (siehe Seite 42) und Fensterläden, Tür und Zaun farbig glasieren (siehe Seite 43). Sie können das Haus auch im Ganzen glasieren, wie auf Seite 43 Schritt für Schritt beschrieben.

Trocknen

Wenn das Werkstück fertig ist und die Form und das Aussehen hat, das Sie sich vorstellen, dann können Sie das Objekt zum Trocknen aufstellen. Beim Trocknen verdunstet das im Ton gebundene Wasser. Deshalb schrumpft das Werkstück ein wenig, etwa um 5 % (je nach Tonart). Damit sich beim Trocknen keine Risse u.ä. einstellen, darf der Raum, in dem getrocknet wird, nicht zu warm sein (etwa 20 °C).

Wenn Sie Platten trocknen (wie z.B. beim Spiegel Seite 31) treten bei zu schneller Trocknung Verformungen auf, die Ecken wölben sich nach oben. Deshalb sollten Sie Platten am besten mit einer Plastikplane abgedeckt trocknen und möglichst von Zeit zu Zeit wenden.

Behandeln Sie die getrockneten Stücke sehr vorsichtig. Henkel, Dekorationen u.ä. brechen in diesem Stadium leicht.

Wann genau ein Objekt getrocknet ist, läßt sich nicht eindeutig sagen, die Trocknungszeit richtet sich nach der Dicke der Wände. In einem unbeheizten Raum können Sie aber im Schnitt mit einer Trocknungszeit von ca. drei Wochen rechnen.

Glasieren

Werkzeuge und Hilfsmittel

Neben *Pinseln* in verschiedenen Stärken und *Schwämmchen* zum Auftragen der Glasuren benötigen Sie einige *Gefäße* und (verschließbare) *Behälter*, in denen Sie die Glasuren anrühren bzw. auch lagern können. Wenn Sie Ihr Werkstück mit Glasur übergießen oder es tauchen, ist darüber hinaus ein großer *Eimer* notwendig , außerdem eine *Schöpfkelle* o.ä., mit der Sie die Glasur über das Objekt schütten können.

Zum Abtropfen müssen Sie sich einige *Bretter* zurechtlegen. Um den Scherben vor dem Glasieren zu reinigen, brauchen Sie einen *Eimer mit Wasser* und einen *Schwamm.* Mit *Schleifpapier* kann das Werkstück versäubert werden.

Glasuren

Töpfer glasieren ihre Waren aus verschiedenen Gründen. Zum einen gibt die Glasur dem Objekt seine dekorative Farbe und die Textur, die sich der Töpfer für ein bestimmtes Werkstück vorstellt. Zum anderen hat die Glasur auch eine funktionelle Aufgabe, indem sie z.B. für Geschirr einen hygienischen Überzug bildet oder poröse Gefäße (z.B. niedrig gebrannte Irdenware) fast wasserdicht verschließt.

Glasuren bestehen aus einer Reihe von Mineralien, die aus gemahlenem Gestein gewonnen werden. Im wesentlichen sind Kieselsäure und Tonerde in den Glasuren enthalten. Die Auswahl und Kombination von zwei oder mehreren Rohmaterialien ergibt die »reife« Glasur, die beim Brennvorgang vollständig ausschmilzt.

Den meisten Fertigglasuren ist eine Beschreibung beigefügt, die Ihnen alle notwendigen Informationen über Art, Zusammensetzung und Brenntemperatur der Glasur liefern. Grundsätzlich kann man Glasuren jedoch in verschiedene Gruppen mit charakteristischen Eigenschaften einteilen. Wenn Sie die Wirkung einer Glasur testen wollen, ehe Sie sich an das eigentliche Werkstück wagen, sollten Sie auf einem Reststück eine Glasurprobe machen.

Steingutglasuren

Steingutglasuren werden im Brennbereich 1020 bis 1080 °C verwendet. Da sie in vielen und vor allem kräftigen Farben angeboten werden, sind sie bei Hobbytöpfern besonders beliebt.

Steinzeugglasuren

Sie schmelzen im Brennbereich von 1180 bis 1300 °C aus. Durch die hohe Temperatur verbindet sich die Glasur harmonisch mit dem Scherben, dieser sintert aus, und das Gefäß wird wasserdicht.

Transparente Glasuren

Ihr Brennbereich liegt bei 950 bis 1320 °C. Der Ton scheint unter dieser Glasur durch, was gerade bei rotem Ton schöne Effekte ergibt. Die Transparentglasur läßt sich mit Oxyden wie Braunstein, Kupfer und Kobalt einfärben.

Matte Glasuren

Da diese Glasuren deckend sind, wird die Farbe des Scherbens nicht sichtbar. Ihr Brennbereich liegt bei 950 bis 1320 °C.

Glanzglasuren

Diese Glasuren (Brennbereich 950 bis 1320 °C) bilden eine glatte, glänzende Oberfläche. Sie können transparent, deckend oder halbdeckend sein.

Craquelé-Glasuren

Die Oberfläche dieser Glasuren (Brennbereich 950 bis 1320 °C) ist von feinen, beabsichtigten Haarrissen überzogen, die durch die unterschiedliche Ausdehnung von Scherben und Glasur beim Brennvorgang entstehen.

Engoben

Eine Engobe, wie sie z.B. bei den Klangspielen Seite 37 in verschiedenen Farben verwendet wurde, ist ein dünnflüssiger Tonbrei, der durch Zugabe von Oxyden und Farbkörpern eingefärbt werden kann. Engoben werden normalerweise nur auf feuchten oder lederharten Ton aufgetragen.

Oxyde

Nach dem Schrühbrand (siehe Seite 46) können einzelne Stellen auf dem Werkstück durch das Einreiben und Auswischen mit Oxyden hervorgehoben werden. So geschehen z.B. beim Igel, Seite 18. Sein Gesicht und das Stachelfell wurden mit Eisenoxyd eingefärbt. Ein Teil des Oxydes wurde mit einem feuchten Schwamm wieder ausgewischt, so ergeben sich die Hautfarbe und die Betonung des Gesichts.

Die verschiedenen Oxyde rufen nach dem Brennen unterschiedliche Farbergebnisse hervor. So färbt z.B. Kobalt sehr stark, weshalb die Flächen, die nicht blau erscheinen sollen, auch sehr sorgfältig ausgewischt werden müssen.

Und so wird's gemacht:
Vermischen Sie die Oxyde, die in Pulverform angeboten werden, mit Wasser. Verwenden Sie dabei wenig Pulver und viel Wasser, so daß eine dünnflüssige Mischung entsteht.

Mit einem Pinsel tragen Sie die Flüssigkeit auf dem Werkstück auf. Nach dem Antrocknen wischen Sie mit einem Schwamm das Oxyd vom Scherben. In den Vertiefungen bleibt dadurch eine dunkle Einfärbung zurück, die erhabenen Flächen werden hell.

Das bearbeitete Stück trocknet schnell, danach kann der Scherben mit einer transparenten Glasur glasiert und wieder gebrannt werden. Beim Igel auf Seite 18 wurde nur eine sehr dünne Transparentglasur verwendet.

Vorarbeiten

Die Glasur kann mit einem Pinsel auf das geschrühte Werkstück aufgetragen werden, man kann das Objekt in die Glasur tauchen oder die Glasur darüberschütten. Bei jeder Methode sind jedoch einige Vorarbeiten notwendig.

Beachten Sie, daß nach dem Glasieren keine Ausbesserungsarbeiten am Werkstück mehr vorgenommen werden können.

Ansetzen des pulverisierten Glasurmehls

Richten Sie sich vor allem nach der Gebrauchsinformation, die der Glasur beiliegt. Grundsätzlich gilt aber, daß Sie das Glasurmehl in einer nicht zu großen Menge Wasser anrühren, bis eine sämige Flüssigkeit entstanden ist. Danach muß die Glasur gründlich gesiebt werden, bis sie keine Klümpchen mehr enthält.

Sie können die fertige Glasur nach Gebrauch luftdicht verschlossen in einem Schraubglas aufbewahren. Bei jeder weiteren Verwendung muß sie wieder gut durchgerührt und – wenn nötig – gesiebt werden.

Während des ganzen Glasurvorgangs muß die Glasur immer wieder aufgerührt werden.

Reinigung des Werkstücks

Das Objekt, das Sie glasieren möchten, muß mit einem feuchten Schwamm gut gereinigt werden. Staub kann unsaubere Stellen oder nackte Flächen in der Glasur verursachen oder sogar dazu fühen, daß die Glasur sich ablöst.

Mit feinem Schleifpapier können Kanten abgeschliffen, Tonkrümel entfernt oder störende Unebenheiten ausgeglichen werden.

Nach der Reinigung mit dem Schwamm muß der Scherben gut trocknen. Wenn er zu feucht ist, kann er die Glasur nicht optimal aufsaugen.

Tauchen

Dies ist die einfachste Glasurmethode und erzielt oft den besten Erfolg. Bei größeren Werkstücken benötigen Sie jedoch eine große Menge Glasur, was für den Hobbytöpfer oft problematisch ist.

Glasieren Sie bei dieser Methode zuerst die Innenseite. Geben Sie mit dem Schöpfer Glasur in den Scherben. Drehen Sie das Objekt beim Ausschütten, dadurch wird die Innenseite glasiert. Anschließend glasieren Sie die Außenseite, indem Sie das Gefäß in die Glasur tauchen.

Die Glasur trocknet rasch, ihre Fingerabdrücke auf dem Werkstück werden vorsichtig mit dem Finger oder mit dem Pinsel »nachglasiert«.

Im folgenden sehen Sie am Beispiel eines vollständig glasierten Lichterhauses, wie das Glasieren durch Tauchen vor sich geht.

Überlegen Sie sich vor dem Tauchen genau, an welchen Stellen Sie das Haus halten, so vermeiden Sie störende Fingerabdrücke auf dem fertigen Objekt. Tauchen Sie das bei 960 °C geschrühte Werkstück kurz in den Eimer mit der Glasur und lassen Sie es abtropfen.

Wenn erforderlich, können Sie auch mit der Schöpfkelle Glasur über das Objekt schütten bzw. so auch die Innenseite des Objekts glasieren.

Da die verwendete Eisenglasur auch nach dem Brennen matt erscheint, werden durch die grüne Glanzglasur Akzente gesetzt, die das Haus schmücken. Die Türe und die Fensterläden werden mit dem Pinsel grün bemalt.
Denken Sie daran, die Standfläche des Hauses nach dem Glasieren mit einem feuchten Schwamm gründlich abzuwischen, damit das Objekt beim Brennen nicht festklebt.

Tip

Da die Fingerspuren meist auch nach dem Nachbessern noch leicht zu sehen sind, sollten Sie sich vor dem Glasieren überlegen, an welchen Stellen Sie das Werkstück anfassen bzw. wo die Spuren am wenigsten zu sehen sind.

Gießen

Für diese Methode benötigen Sie weniger Glasur und es ergeben sich oft schöne Effekte an den Stellen, wo sich die Glasurschichten überlappen. Im folgenden Beispiel sehen Sie wie auf den Frosch eine froschgrüne Glasur, eine dunkelgrüne Glasur und eine mattweiße Glasur (Bauch) aufgetragen werden und Eisenoxyd für Muster und Spritzer verwendet wird.

1 Der bei 950 °C geschrühte Frosch ist bereit zum Glasieren. Sollte er beim Brennen oder bei der Lagerung eingestaubt sein, müssen Sie ihn mit klarem Wasser abwaschen. Für das Glasieren muß er allerdings wieder gut getrocknet sein.
Halten Sie den Frosch über den Glasureimer und übergießen Sie ihn mit Hilfe eines Schöpfers mit palmgrüner Glasur. Halten Sie den Frosch – wegen der Fingerabdrücke – an einer Stelle, die später nicht sofort ins Auge fällt.

2 Partien, die andersfarbig glasiert werden sollen, müssen Sie soweit als möglich aussparen. Beim Frosch ist das vor allem der Bauch, der eine weiße Glasur erhält.

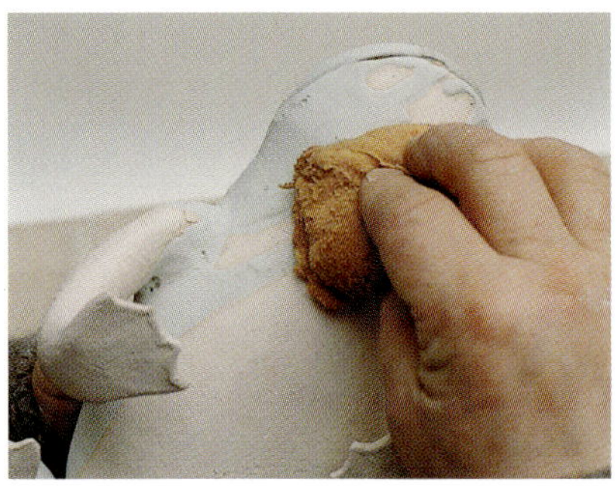

3 Wenn die Glasur über Stellen läuft, wo sie stört, muß sie dort mit einem nassen Schwamm sorgfältig entfernt werden.

4 Der Frosch nach dem Überschütten mit Glasur. Es haben sich überlappende Glasurschichten gebildet, die daraus resultierenden Schattierungen ergeben einen interessanten Effekt.

5 Bei komplizierter gebauten Werkstücken erfordert das Überschütten meist eine Nachbesserung mit dem Pinsel, da einige Stellen oft unglasiert bleiben. Ziehen Sie die Pinselstrich in einem Zug durch, so daß keine ungewollt dicken Stellen in der Glasur entstehen.

Wichtig
Auch bei kleinen Ausbesserungsarbeiten ist zu beachten, daß die Glasur immer wieder aufgerührt werden muß, damit sie die richtige Konsistenz hat.

6 Betrachten Sie den Frosch noch einmal von allen Seiten, ob noch eine Nachbesserung nötig ist. Befreien Sie die Unterseite des Frosches mit einem feuchten Schwamm von den Resten der grünen Glasur, ehe Sie die nächste Glasur auftragen. Die bereits glasierten Stellen dabei vorsichtig anfassen und den Schwamm nicht so naß machen, daß Wasser über die Glasur läuft und diese beschädigt wird.

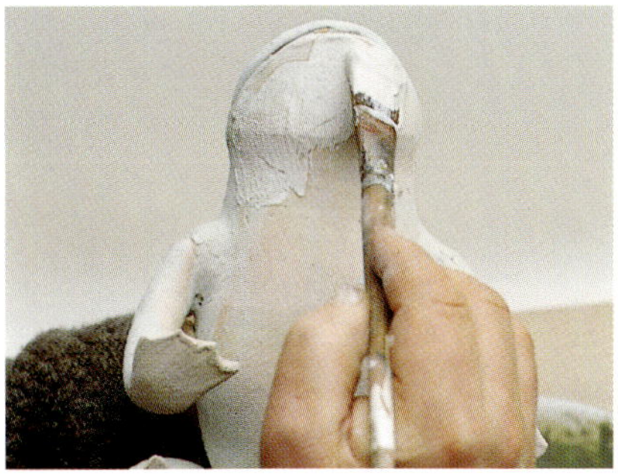

7 Der Frosch erhält nun seinen weißen Bauch. Die Glasur dafür wird mit dem Pinsel aufgetragen. Das ist die sparsamste und praktischte Art des Glasierens, besonders auf kleinen Flächen. Achten Sie aber darauf, daß die Pinselstriche nicht ungewollt sichtbar bleiben. Die Pinselstriche sollten immer durchgezogen, nicht abrupt abgesetzt werden, so daß sich sanfte Übergänge und Farbschattierungen in der Glasur ergeben. Wenn Sie große Flächen glasieren, sollten Sie in jedem Fall eine Glasur verwenden, die gut verläuft. Der Fachhandel gibt Ihnen darüber Auskunft oder Sie testen es durch Glasurproben aus.

8 Der Frosch ist nun fertig glasiert: Oberseite grün, Froschbauch und Innenseite der Vorderbeine weiß. Achten Sie darauf, daß die Glasur nirgends vergessen wird – unglasierte Stellen wirken störend und treten nach dem Glasurbrand noch stärker hervor. Nun können Sie darangehen, den Frosch mit dunkelgrünen Streifen zu bemalen.

9 Er erhält mit dem Pinsel dunkelgrüne und braune Streifen an den Beinen und markante Linien und Farbtupfer aus Eisenoxyd auf dem Rücken.

10 Gestalten Sie auch die Augen und das Froschmaul und setzen Sie hier und da noch einige Akzente. Legen Sie ab und zu den Pinsel zur Seite. Beim Bemalen gilt meist: weniger ist mehr.

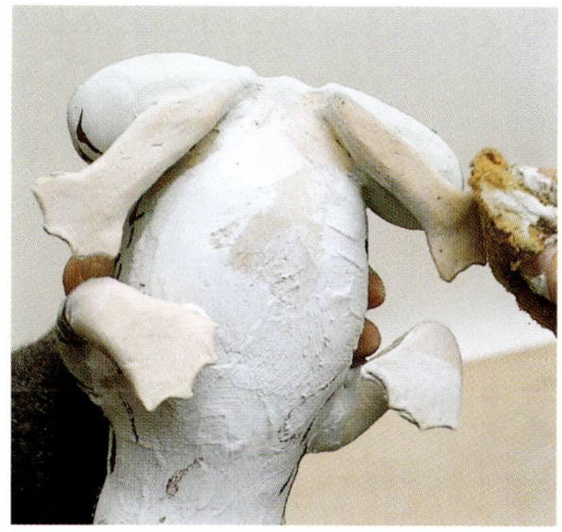

11 Mit dem Schwamm wird der Frosch auf der Unterseite an den Stellen von Glasurresten gereinigt, die Berührung mit der Brennplatte haben werden. Seien Sie dabei sehr gründlich, da das Werkstück sonst an der Brennplatte klebenbleibt und nur mit einem kleinen Meißel und einem Hammer wieder entfernt werden kann, wobei Beschädigungen nicht auszuschließen sind.

Auftrag mit dem Pinsel

Diese Methode, die Ihnen auch bei den anderen beiden Techniken schon begegnet ist (siehe oben), ist besonders bei Kindern sehr beliebt. Achten Sie beim Farbauftrag darauf, daß keine ungewollten Farbschattierungen entstehen. Das Ziel sind sanfte, gleichmäßige Übergänge und Farbschattierungen, das Objekt soll nicht bemalt aussehen oder gar unglasierte Stellen aufweisen.

Rühren Sie die Glasur immer wieder auf, während Sie damit arbeiten, und verwenden Sie eine gut verlaufende Glasur (ist in der Glasurbeschreibung angegeben).

Brennen

Die Anschaffung eines eigenen Brennofens lohnt sich nur in den seltensten Fällen. Wenn Sie Ihre fertigen Werkstücke zum Brennen zu einem Töpfer in Ihrer Umgebung bringen, dann ist das effektiver und Sie können davon ausgehen, daß Ihr Objekt fachmännisch behandelt und gebrannt wird.

Verpacken Sie Ihre Werkstücke für den Transport sorgfaltig in Zeitungspapier. Denn in getrocknetem Zustand sind die Tonwaren am empfindlichsten.

Das Einbauen des Brenngutes, sprich: das Bestücken des Ofens erfordert etwas Geschick und Erfahrung.

Bei welcher Temperatur gebrannt wird, richtet sich nach dem verwendeten Ton und sollte beim Kauf des Tons erfragt werden.

Markieren Sie sich die Temperatur am besten gleich auf der Tüte. Müssen Sie die richtige Brenntemperatur erst herausfinden, sind dazu aufwendige Brennproben notwendig.

Beim Brennen unterscheidet man zwischen dem Schrühbrand bei ca. 900 °C und dem Glasur- oder Glattbrand bei ca. 1050 °C für Steingut oder ca. 1200 °C für Steinzeug.

Nach dem Trocknen wird das Werkstück geschrüht. Es ist dann porös, kann in diesem Zustand aber gut glasiert und bemalt werden (siehe Seite 44).

Der Glasurbrand ist die letzte Station auf dem Weg zum fertigen Objekt. Die gebrannten Werkstücke verbleiben für eine längere Abkühlzeit (je nach Größe und Brenntemperatur zwischen 10 und 20 Stunden) im Ofen. Danach wird der Ofen ausgebaut.

Keramikkunst für den Garten

Hahn

Material

- Etwa 3 kg Ton
- Rote, braune, weiße und blaue Steinzeugglasur
- Eisenoxyd (für Sockel)

- Trocknungszeit etwa vier Wochen

Der stolze Hahn ziert jeden Garten. Er ist etwa 40 cm hoch. Aufgrund seiner Größe ist er ein Objekt für alle, die schon etwas Übung im Modellieren mit Ton haben. Er wurde als volle Form aufgebaut, dann einen Tag lang mit einer Folie abgedeckt getrocknet. Im Bereich des Körpers und des Sockels muß eine Hohlform erstellt werden (siehe dazu Seite 19), da diese Teile besonders dick sind. Der Kopf, der Hahnenkamm und der Schwanz können als volle Form erhalten bleiben (siehe Skizze unten). Sein naturgetreues Federkleid erhält der Hahn durch den Einsatz verschieden geformter Modellierhölzer, mit denen auch der Schwanz und die Füße herausgearbeitet werden.

Kugelbahn

Material

- 7 kg roter Ton
- **Trocknungszeit etwa eine Woche vor dem Aushöhlen, vier Wochen vor dem ersten Brand**

Die Kugelbahn sollte möglichst eine organische Form aufweisen. Die Bahnen für die Schusser, die Tunnels, in denen die Kugeln kurz verschwinden oder Brücken lassen sich aus einem Stück herausarbeiten (siehe Detailfoto, Ansicht von oben). Wo nötig, können die Bahnen auch mit gerollten, etwa 5 cm dicken Wülsten angesetzt werden.

Sobald die Bahn fertig modelliert und etwas getrocknet ist, so daß die Kugeln darin rollen, probieren Sie aus, ob die Bahn wirklich funktioniert. Die Kugeln dürfen nicht zu schnell rollen, weil sie sonst herausspringen. Sie müssen gleichmäßig bis zur Auffangschüssel rollen. Überprüfen Sie deshalb den Lauf und schwächen Sie zu steile Bahnen ab oder erhöhen Sie eventuell Kurvenwände. Es dauert eine Weile, bis die Bahn so funktioniert, wie man es sich vorstellt.

Nach etwa einer Woche wird die Bahn von unten ausgehöhlt. Der erste Brand ist nach etwa vier Wochen möglich. Die intensive Farbe des roten Tons macht eine Glasur überflüssig.

Der Verlauf der Kugelbahn – Aufsicht.

Kräuterschilder

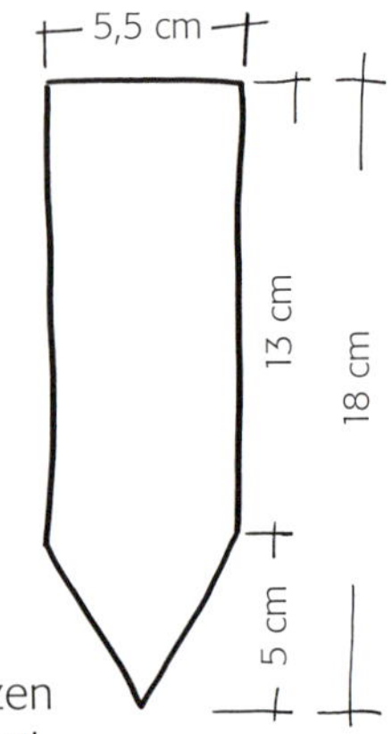

Material

- ✔ Etwa 1/2 kg Ton für vier Schilder
- ✔ Dunkelblaue Sinterglasur und transparente Steinzeugglasur

- ✔ Trocknungszeit etwa zwei Wochen

Das Tüpfelchen auf dem i im Kräuter- und Gemüsebeet sind die dazu passenden Schilder. Aus einer dünnen Platte (etwa 0,5 cm dick) wurden die Schilder ausgeschnitten (Maße und Form siehe Skizze rechts). Nach dem ersten Brand wurde mit blauer Steinzeugglasur in einem Malbällchen die Beschriftung aufgetragen. Sie können die Beschriftung aber auch mit einem Pinsel vornehmen, was einfacher ist, aber keinen so feinen Schriftzug ergibt.

Wenn Sie möchten, können Sie den Schriftzug aber auch mit einem spitzen Gegenstand in den lederharten Scherben einkratzen und ihn vor dem Glasurbrand mit Oxyd einreiben. Diese Gestaltungsvariante wurde bei dem Schild mit dem Schriftzug »Dill« verwendet.

Spiegel

Material

- Etwa 2 kg Ton
- Eisenoxyd (für Stämme)
- Hellgrüne Mattglasur
- Spiegel

- **Trocknungszeit etwa zwei Wochen**

Spieglein, Spieglein an der Wand ..., so kann es durchaus auch im Garten oder auf der Terrasse heißen. Dieser Spiegel wurde aus einer 2 cm dicken und 30 x 20 cm großen Platte gefertigt. Auf der Platte wird der Spiegelausschnitt aufgemalt und ausgeschnitten (siehe Skizze unten).

Der Stämme der Bäume werden aus Tonwülsten, die Blätter und Früchte aus Tonkugeln modelliert. Für die Blätter drücken Sie die Kugeln flach und kerben mit dem Modellierholz ein Blattmuster ein.

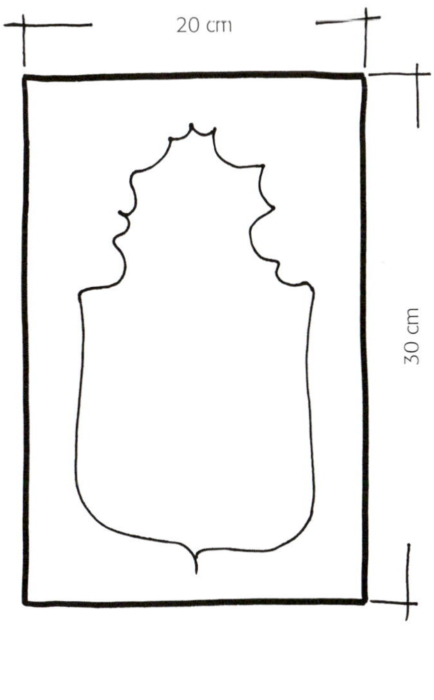

Lassen Sie vom Glaser einen passenden Spiegel zuschneiden und kleben Sie ihn mit Silicon auf die Rückseite der geschrühten und glasierten Tonplatte. Sehen Sie für die Aufhängung links und rechts ein Loch vor, das konisch verlaufen sollte, damit die Befestigungsschrauben in den Blätten versenkt werden können und nicht sichtbar sind.

Die Stämme werden mit Eisenoxyd eingerieben, die Blätter sind mit dem Pinsel glasiert.

Blumenampel

Material

- ✔ Etwa 1 kg Ton
- ✔ Blaue Steinzeugglasur

- ✔ **Trocknungszeit etwa zwei Wochen**

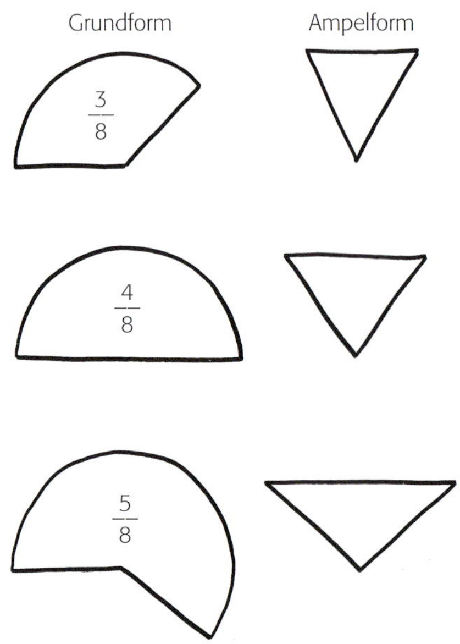

Die Grundform für diese Blumenampel wird aus einer gewalzten Platte von etwa 1 cm Dicke zugeschnitten. Um eine Ampelform zu erhalten, wie sie auf dem Foto zu sehen ist, wurden 3/8 eines Kreises verwendet, die Ampel kann aber auch anders gestaltet werden, je nachdem, mit welcher Grundform Sie arbeiten (siehe Skizzen oben).

Legen Sie die Grundform wie eine Tüte zusammen, die geraden Seiten überlappen sich um etwa 1 cm und werden mit Schlicker und durch kräftiges Andrücken verbunden. Die Verbindungsnaht wird gut verstrichen.

Stellen Sie die Ampel auf den oberen Rand und verstreichen Sie die Spitze sorgfältig. Der Rand der Ampel kann mit dem Messer begradigt und mit der Hand verstrichen werden.

Stechen Sie am Rand drei Löcher mit dem Modellierstäbchen. Dort werden nach Fertigstellung der Ampel dicke Lederriemen oder dünne Ketten befestigt.

Wandampel

Material

- ✔ Etwa 1 kg Ton
- ✔ Blaue Steinzeugglasur

- ✔ **Trocknungszeit etwa zwei Wochen**

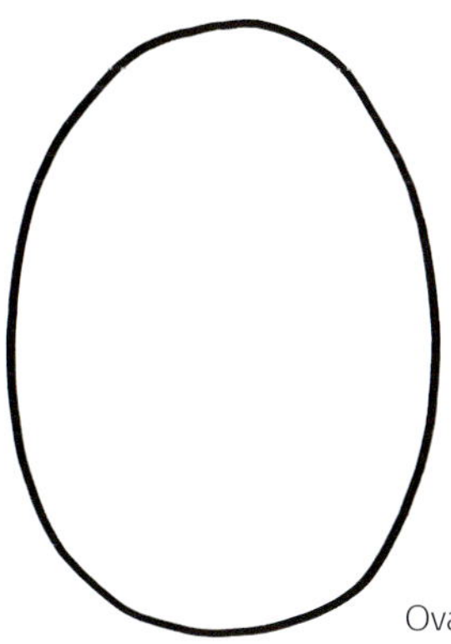

Oval

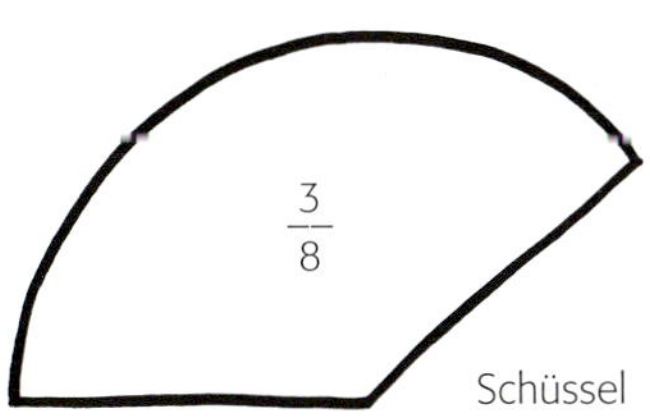

Schüssel

Diese Wandampel wurde aus einer 1 cm dicken und 40 x 30 cm großen Platte gearbeitet. Welche Grundformen Sie benötigen, sehen Sie in den Skizzen links. Wie bei der Hängeblumenampel wird die Schüssel aus 3/8 eines Kreises entwickelt. Das Oval für die Rückwand und der Kreis für die Schüssel müssen in einem harmonischen Verhältnis stehen: Halbe Länge des Ovals = Radius für den Kreis (Beispiel: Das Oval ist 20 cm lang, dann hat der Kreis für die Schüssel den Radius 10 cm.)

Die Schüssel wird auf die untere Rundung der Rückwand montiert. Für die Aufhängung bringen Sie im oberen Teil des Ovals mit dem Apfelstecher ein Loch an. Das Loch sollte nicht zu klein sein, damit Sie die Ampel bequem auf- und abhängen können, wenn Sie Blumen einpflanzen oder gießen möchten.

Sie können auch ein Abflußloch für das Gießwasser vorsehen, dies führt jedoch zu Flecken an der Wand.

Stabtiere

Material

- ✔ Pro Tier etwa 1/8 bis 1/4 kg Ton
- ✔ Steinzeugglasuren in verschiedenen Farben oder auch Eisenoxyd

- ✔ **Trocknungszeit etwa zwei Wochen**

Stabtiere wie diese sind ein Blickfang in Beeten oder Blumenkästen. Sie werden aus einer etwa 1,5 cm dicken Platte ausgeschnitten. Am leichtesten geht das, wenn Sie anhand der Vorlagen (Seite 56/57) Schablonen aus Pergamentpapier anfertigen, deren Form Sie dann auf die Tonplatte übertragen. Legen Sie dazu das Papier auf den Ton und »lochen« Sie die Form mit einer dicken Nadel durch das Papier auf die Tonplatte. In das ausgestaltete Tier bohren Sie mit dem Holzstab, den Sie als Stecken vorgesehen haben, ein passendes Loch. Beim Brennen schwindet das Loch, es wird ein wenig enger, so daß Sie den vorgesehenen Holzstab nur etwas zugespitzt fest in das Tier stecken können.

Hinweis:
Sie finden hier die Vorlagen für die Stabtiere Seite 2/3, 5, 54/55 und 64.

Sonne und Stern

Material

- Etwa 1/4 kg Ton
- Niedrigbrennende gelbe Steinzeugglasur

- **Trocknungszeit etwa zwei Wochen**

Auch Sonne und Stern dürfen unter den Stabfiguren nicht fehlen,vor allem deshalb nicht, weil sich die echten Himmelskörper in unseren Gefilden nur allzu oft hinter Wolken verbergen.

Fertigen Sie zuerst eine etwa 1,5 cm dicke Platte aus Ton an. Die Form des Sterns können Sie mit Hilfe einer Plätzchenform aus der Platte ausstechen, die Sonne wird aus einem Kreis entwickelt, der auf der Platte vorgezeichnet wird und an den dann die Strahlen angesetzt werden. Ein Gesicht kann angedeutet werden, muß aber nicht sein. Stechen Sie auch bei diesen Formen am Ende wieder ein Loch für die Befestigung am Stab. Das wichtigste an diesen einfachen, aber wirkungsvollen Stücken ist die sattgelbe Glasur. Vorsicht bei den hellen, meist niedrigbrennenden Glasuren: Sie sind nicht so haltbar wie die Glasuren, die bei hohen Temperaturen gebrannt werden können.

Schälchen

Material

- ✔ Etwa 1/8 kg Ton
- ✔ Blaue Steinzeugglasur
- ✔ Eisenoxyd (für Steine)

- ✔ **Trocknungszeit etwa drei Wochen**

Was hier, im Gartenidyll, fast wie eine Vogeltränke anmutet, ist eigentlich ein Behälter für Pfeffer und Salz, der aus zwei Daumenschälchen gearbeitet wurde (Anleitung siehe Seite 14, Bild 11). Der modellierte Vogel, der die beiden Schalen verbindet, dient als Griff.

Sie können solche Vögel auch auf modellierte Steine setzen (Anfertigung der Steine siehe Vogeltränke Seite 14, Bild 11) oder im Blumenkasten plazieren. Die Vögel sind voll modelliert, was bis zu einer bestimmten Größe (so daß sie noch in die Hand passen) möglich ist.
Die genaue Form finden Sie ebenfalls bei der Vogeltränke, Seite 14 beschrieben.

Die Vögel wurden zum Glasieren getaucht, die einzelnen Steine mit Eisenoxyd eingerieben.

Pflanzgefäße

Material

- Etwa 2 kg Ton für ein Pflanzgefäß
- Eisenoxyd
- Gelbe und weiße Steinzeugglasur (für Schnecken)

- **Trocknungszeit etwa 3 Wochen**

Pflanzgefäße aus Ton haben immer eine große Wirkung. Und die kann noch gesteigert werden, wenn kleine Tiere aus Ton – wie hier z.B. Schnecken – angebracht werden. Wie die Schnecken gearbeitet und am Gefäß angebracht werden, ist auf Seite 15 beschrieben.

Die Grundform des Pflanzgefäßes entspricht in etwa dem japanischen Pflanzkasten, der auf Seite 62 beschrieben wird. Es wird auch hier in Plattentechnik gearbeitet.

Bogenbrücke Pflanzkasten Seite 62
18 cm lang - 4 cm breit - 0,5 cm stark

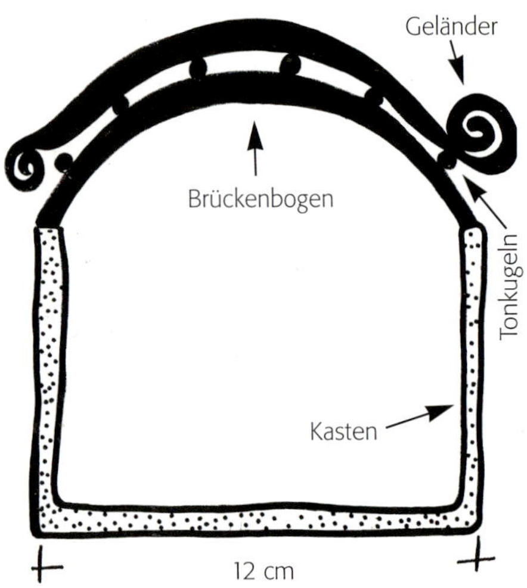

Pflanzkasten

Material
- ✔ Etwa 3 kg Ton
- ✔ Blaue Steinzeugglasur

- ✔ **Trocknungszeit etwa drei Wochen**

Der dreiteilige Pflanzkasten wird aus einer Tonplatte von 1 cm Stärke zugeschnitten. Es werden drei unterschiedlich große Kästen hergestellt (siehe Skizze der quadratischen Bodenplatten), die dann versetzt aneinandermontiert werden. Da die Seitenwände der Kästen auf die Bodenplatte montiert sind und selber eine Dicke von etwa 1 cm aufweisen, müssen zwei der Seitenwände 2 cm kürzer als die anderen beiden zugeschnitten werden.

Die Brücke über einen der Kästen ist das Tüpfelchen auf dem i und setzt einen japanisch anmutenden Akzent. Wie sie geformt und auf den Kasten gesetzt ist, sehen Sie in der Skizze Seite 60: Sie formen zuerst über einem runden Gegenstand den gewölbten Brückenbogen, passen ihn in Form und Maß an den Pflanzkasten an, montieren Tonkugeln darauf und setzen zwei Wülste als »Geländer« auf die Brücke. Der japanischen Anmutung folgend eignen sich diese Kästen sehr gut zur Bonsaizucht, aber auch – ganz praktisch – für den Kräutergarten am Küchenfenster.

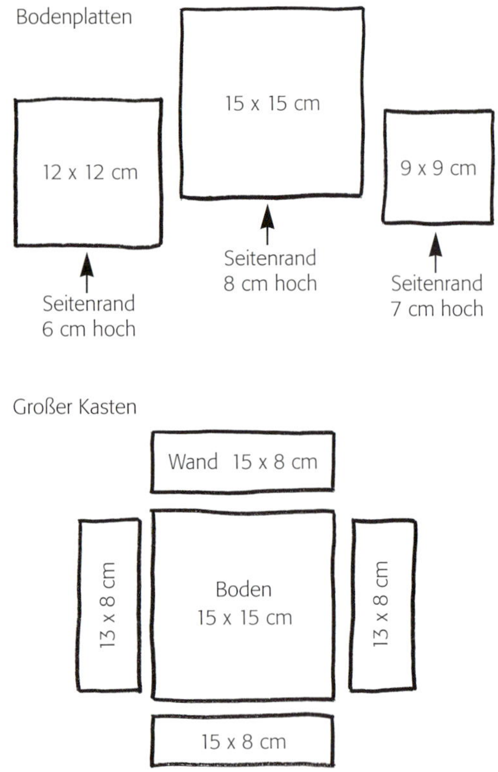

Fachbegriffe

Aufbauen
Methode, den Ton ohne Drehscheibe oder mechansiche Hilfsmittel zu formen. Meist ist damit die Wulst- oder Plattentechnik gemeint bzw. die Herstellung von Daumenschalen.

Braunstein
Eignet sich zum Braunfärben von Tonmassen oder Einreiben von gebrannten Gefäßen.

Brennen
Härten von keramischen Gegenständen durch unterschiedlich starke Temperatureinwirkung im Brennofen.

Brennofen
Spezialofen, der zum Brennen von Tongegenständen konstruiert wurde. Durch gute Isolierung kann eine Temperatur von bis zu 1300 °C erreicht werden. Er kann mit Gas, Strom, Öl oder Holz betrieben werden.

Glasieren
Den geschrühten Scherben durch Tauchen, Schütten oder Auftrag mit dem Pinsel mit Glasur überziehen.

Glasur
Ein undurchlässiger, verglaster Überzug. Die sichtbare und fühlbare Qualität reicht von einer stumpfen, rauhen oder matten Oberfläche bis zur sehr geschmeidigen und glänzenden.

Glasurbrand
Auch Glatt-, Bunt- oder zweiter Brand genannt. Die Höhe der Brenntemperatur richtet sich nach dem verwendeten Ton sowie dem Schmelzpunkt der Glasur. Durch den Glasurbrand wird der Scherben weitgehend wasserdicht.

Haarrisse
Feine Risse in der Glasur, die durch ungleiche Spannungen zwischen Glasur und Tonkörper während des Abkühlens verursacht werden und möglichst zu vermeiden sind.

Haltezeit
Eine bestimmte Temperatur im Brennofen wird für einen gewissen Zeitraum konstant gehalten.

Hubel
Maßeinheit von 10 kg. In diesen Mengen abgepackt wird der Ton im Fachhandel angeboten.

Irdenware
Neben Steinzeug und Porzellan eine der drei Keramikhaupttypen. Irdenware ist relativ weich und porös, solange sie nicht glasiert wird.
Die Brenntemperatur liegt bei etwa 950 °C.

Keramik
Bezeichnung für Erzeugnisse aus gebranntem Ton.

Körnung
Die Größe der Schamottekörner, die in schamottiertem Ton zu finden sind.

Lederhart
Zustand des Tons, wenn er zwar schon fest, aber noch feucht genug ist, daß Teile mit Hilfe von Schlicker zusammengesetzt (montiert) werden können.

Montieren
Das Zusammenfügen von meist lederharten Tonoberflächen mit Schlicker.

Plattentechnik
Eine Aufbautechnik, bei der Platten aus Ton um eine andere Form gewickelt bzw. geschnitten und zusammengefügt werden, um kantige Formen herzustellen.

Porösität
Durchlässigkeit gebrannter Scherben.

Schamotte
Gebrannter, zerstoßener Ton in verschiedenen Körnungsgrößen.

Scherben
Gebrannte, nicht glasierte Tonware.

Schlicker
Flüssiger Tonschlamm zur Verbindung von Tonteilen.

Schrühbrand
Erster Brand oder Rohbrand. Der Scherben bleibt in der Regel noch porös genug, um Glasur aufzunehmen.

Schwindung
Beim Trocknen und auch beim Brennen wird dem Ton Wasser entzogen. Dadurch schrumpft das Objekt ein wenig, je nach Tonsorte zwischen 10 und 15 Prozent.

Sintern
Zustand, bei dem sich der Ton verdichtet und die Poren sich völlig verschließen, bis der Scherben wasserdicht ist.

Steinzeug
Harte, verglaste und nicht poröse Töpferware, die bei ca. 1200 °C gebrannt wird.

Wulsttechnik
Erstellung und Formgebung eines Objekts durch Tonrollen, die zusammengefügt werden.

Die Deutsche Bibliothek – CIP-Einheitsaufnahme
Gartendeko selber töpfern : Attraktiv, ideenreich, vielseitig / Ewald und Renate Bialek. – Augsburg : Augustus Verl., 1998
ISBN 3-8043-0564-4

Zu den Autoren:
Ewald und Renate Bialek betreiben seit 12 Jahren eine eigene Töpferwerkstatt in Hersbruck. Ewald Bialek ist Keramikmeister. Wie seine Frau führt er regelmäßig Töpferkurse für Erwachsene und Kinder durch.

Zum gleichen Themengebiet sind im Augustus Verlag u.a. folgende Titel erschienen:
Matthes: Keramische Glasuren
Daly: Technik der Keramikglasur
Krumbach: Keramikschmuck

Die im Buch veröffentlichten Ratschläge wurden von den Verfassern und Verlag sorgfältig erarbeitet und geprüft. Eine Garantie kann dennoch nicht übernommen werden. Ebenso ist die Haftung der Verfasser bzw. des Verlages und seiner Beauftragten für Personen-, Sach- und Vermögensschäden ausgeschlossen.

Bei der Verwendung im Unterricht und in Kursen ist auf dieses Buch hinzuweisen.

Fotografie: Klaus Lipa, Augsburg (Modellfotos), Ewald Bialek und Hartmut Thorbeck (Arbeitsfotos)

Lektorat: Andrea Müh, Augsburg
Umschlaggestaltung: Christa Manner, München

Layout: Anton Walter, Gundelfingen

AUGUSTUS VERLAG AUGSBURG 1998

Satz: Gesetzt aus 10 Formata light in QuarkXPress von DTP-Design Walter, Gundelfingen
Reproduktion: Repro Ludwig, A-Zell am See
Druck und Bindung: Appl, Wemding
Gedruckt auf 115 g umweltfreundlich chlorfrei gebleichtes Papier.

ISBN 3-8043-0564-4

Printed in Germany